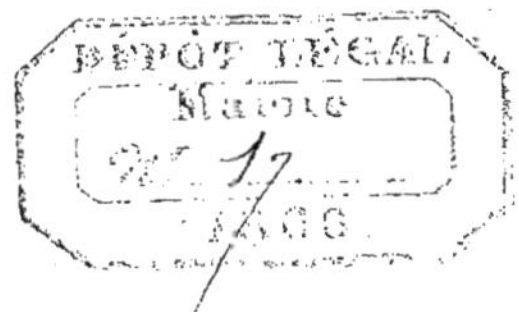

CONFÉRENCE

SUR LE GAZ

CONFÉRENCE

SUR LE GAZ

PAR

M. COZE

Directeur de la Compagnie du Gaz,
Membre titulaire de l'Académie Impériale de Reims

FAITE

A L'HOTEL-DE-VILLE, LE 27 JANVIER 1865

REIMS

IMPRIMERIE DE P. DUBOIS ET Ce, RUE PLUCHE, 24

1865

CONFÉRENCE

SUR LE GAZ

MESDAMES, MESSIEURS,

Il y a de la hardiesse de ma part à vouloir venir, sans aucun titre, vous présenter les quelques notes que j'ai recueillies dans les auteurs qui traitent du gaz d'éclairage, après les séances si intéressantes des maîtres distingués que nous avons tous applaudis ici.

Ce qui m'a encouragé et ce qui, j'espère, me servira d'excuse à vos yeux, c'est la pensée que j'acquitte une dette de reconnaissance envers l'Académie, qui veut bien, ce soir, me prendre sous son patronage, et envers la municipalité, dont l'appui bienveillant et paternel ne m'a jamais fait défaut.

Soutenu par cette double pensée, je vais essayer de développer devant vous tout ce qui m'a paru intéressant sur le gaz d'éclairage.

Pour mettre un peu de méthode dans la tâche que je me suis proposée, j'ai divisé le sujet en deux parties :

La première, contenant l'historique de l'éclairage avant et après l'apparition du gaz ;

La seconde, plus spécialement expérimentale, où je m'efforcerai de passer rapidement en revue devant vous la fabrication telle qu'elle a lieu actuellement dans les usines.

PREMIÈRE PARTIE

Dans l'origine, l'homme n'eut, pour s'éclairer, que de simples éclats de bois enflammés, des débris de plantes sèches, ou les branches des arbres résineux, dont il formait des *torches*.

L'huile et la cire furent appliquées de bonne heure à l'éclairage : les Hébreux, les Égyptiens, les peuples de l'Inde et de la Haute-Asie, connurent, dès la plus haute antiquité, l'usage des lampes.

Les chandelles de suif, inventées en Angleterre au XIIe siècle seulement, ne s'introduisirent en France que sous Charles V.

Antérieurement à 1442, Paris n'avait aucun éclairage public ; mais il faut dire qu'à cette époque-là, l'art du lanternier était encore dans l'enfance, puisqu'on ne faisait que des falots dont les vitres étaient en corne de bœuf.

Le premier roi qui s'ocupa de l'éclairage au point de vue de l'utilité publique fut Charles VII, qui prescrivit, en 1442, aux lanterniers de faire des falots qui pussent être mis en *salles, rues et ailleurs que il convenoit*.

Toutefois, la pensée qui avait dicté cette ordonnance ne fut pas comprise, et ce n'est que quatre-vingt-trois ans plus tard, peu après la bataille de Pavie, en 1525, que, des incendiaires et mauvais garçons ayant porté le désordre dans Paris et dans plusieurs villes de province, on songea sérieusement à éclairer les rues.

Une ordonnance du parlement (17 Novembre 1526) prescrivit à tous les habitants de mettre, à partir de huit heures du soir, une chandelle à l'une des fenêtres de leurs maisons, du côté de la rue. Cet éclairage public, laissé ainsi à la fantaisie des habitants, devint sans doute insuffisant, car, le 29 Octobre 1558, la chambre du conseil arrêta qu'il y aurait à l'avenir, au coin de chaque rue, ou autre lieu plus commode, un falot ardent, depuis dix heures du soir jusqu'à quatre heures du matin.

Ces nouvelles prescriptions furent encore, comme l'ordonance de 1525, provoquées par le besoin de veiller à l'ordre public, troublé, cette fois, par des rassemblements tumultueux dont les querelles religieuses étaient le principal objet.

Les troubles apaisés, la vigilance de l'autorité pour le maintien de l'éclairage public tombe peu à peu en désuétude. Ce qui le prouve, c'est une ordonnance de police sous le règne de Henri IV, en 1594, qui commande que les lanternes et chandelles seront remises aux lieux et endroits accoutumés. On fit plus, on imagina alors de les suspendre au milieu des rues, au moyen de traverses en cordes avec poulies et de boîtes en bois qui protégeaient les cordes de suspension contre la malveillance des turbulents.

Mais, si l'esprit d'invention et de progrès avai amené la construction de l'appareil extérieur, e revanche, l'objet principal, la lumière, n'avait pas fait un pas, et ce mode d'éclairage ne brillait pas d'un bien vif éclat. La sécurité dans Paris était si peu complète, qu'on vit se fonder, dans les premiers jours du règne de Louis XIV, une société qui se chargeait moyennant salaire de faire reconduire à domicile les habitants attardés.

Un privilége de vingt années fut concédé à l'abbé Laudaty-Caraffa, fondateur de cette société, et le parlement régla avec un soin minutieux tous les détails de ce service. Ainsi, l'on ne devait employer que des flambeaux d'une livre et demie de bonne cire jaune. Ces flambeaux, marqués aux armes de la ville de Paris, étaient divisés en dix portions qui devaient être payées chacune 5 sols, même celle seulement entamée.

Les porte-lanternes étaient installés dans des postes spéciaux distants chacun de 300 pas ou 100 toises. Chaque poste était indiqué par une lanterne peinte, et la distance de l'un à l'autre poste était payée *un sol*.

Les gens en voiture payaient 5 sols par quart-d'heure, et les gens à pied 3 sols seulement.

Enfin, les porte-lanternes devaient avoir constamment à leur ceinture, comme signe distinctif et indicateur de leurs fonctions, un sablier d'un quart-d'heure dont l'exactitude était constatée par une estampille aux armes de la ville.

L'édit du 15 Mars 1667, qui avait réorganisé la police de Paris, appela Gabriel-Nicolas de la Reynie aux fonctions de lieutenant de police. C'était un homme qui avait beaucoup d'esprit et de manége, dit le marquis de Sourches, grand prévôt de France; « il parloit peu et avoit grand air de gravité. »

Dès le 2 Septembre 1667 , La Reynie rend un arrêté qu'on peut considérer à juste titre comme le premier acte complet sur l'éclairage.

L'arrêté portait que, dans toutes les rues, places et autres endroits de la ville, on devait installer pendant l'hiver des lanternes fournies et entretenues aux frais des habitants. Une amende de 48 livres parisis frappait toute négligence. Afin de faire contribuer chacun suivant ses moyens, des rôles furent formés pour l'organisation de ce service. On se préoccupa même de la qualité et du poids des chandelles , qui dûrent être de quatre à la livre. En commémoration de cette réorganisation, Louis XIV fit frapper une médaille avec la légende : *Securitas et nitor.*

Paris ne devait pas jouir seul des bienfaits de cette organisation, dont un édit de Juin 1697 constate que , de toutes les améliorations, aucune n'avait été plus utile et mieux appréciée. L'un des considérants de cet édit prescrit d'aviser aussi à la sûreté et commodité des autres villes du royaume , conséquemment « d'y faire le même établissement et de mettre lesdites villes à même de le soutenir à perpétuité. »

Paris comptait, à la fin du XVII^c siècle, 6,500 lanternes garnies de chandelles pour une population de 500,000 habitants environ.

A la fin de 1863, il y avait 24,800 becs de gaz pour une population de 1,700,000 habitants ! ! !

Cependant cet éclairage excitait souvent des plaintes, dont La Reynie supportait le contre-coup.

« On a dit à Sa Majesté, lui écrivait Seignelay (Janvier 1688), que les lanternes de Paris sont à présent bien mal réglées, qu'il y en a beaucoup dont les chandelles ne brûlent pas à cause de leur mauvaise qualité et du peu de soins qu'on en prend : sur quoi elle m'ordonne de vous écrire d'y donner l'ordre que vous jugerez nécessaire. »

Certes, si, plus tard, Voltaire eût connu ces plaintes de Seignelay, il n'eût pas dit dans sa pièce de vers sur la police de Louis XIV :

> L'astre du jour à peine a fourni sa carrière,
> De cent mille fanaux l'éclatante lumière
> Dans ce grand labyrinthe avec ordre me luit,
> Et forme un jour de fête au milieu de la nuit.

L'hyperbole est permise, mais il faut avouer qu'ici l'arithmétique lui vient singulièrement en aide.

Quoi qu'il en soit, l'éclairage régulier et continu dans les rues de Paris n'en constitue pas moins une des innovations des plus importantes à laquelle le nom de La Reynie est resté attaché.

Boileau, dans sa satire VIᵉ, que chacun connaît, nous en fait bien mieux comprendre les avantages par ses vers si pleins de verve :

> . . . .
> Car, sitôt que du soir les ombres pacifiques
> D'un double cadenas font fermer les boutiques ;
> Que, retiré chez lui, le paisible marchand
> Va revoir ses billets et compter son argent ;
> Que dans le Marché-Neuf tout est calme et tranquille,
> Les voleurs, à l'instant, s'emparent de la ville.
> Le bois le plus funeste et le moins fréquenté
> Est, au prix de Paris, un lieu de sûreté.
> Malheur donc à celui qu'une affaire imprévue
> Engage un peu trop tard au détour d'une rue !
> Bientôt quatre bandits, lui serrant les côtés :
> La bourse !.... Il faut se rendre ; ou bien non, résistez,

Afin que votre mort, de tragique mémoire,
Des massacres fameux aille grossir l'histoire.
Pour moi, fermant ma porte et cédant au sommeil,
Tous les jours, je me couche avecque le soleil.
Mais en ma chambre à peine ai-je éteint la lumière,
Qu'il ne m'est plus permis de fermer la paupière :
Des filous effrontés, d'un coup de pistolet,
Ebranlent ma fenêtre et percent mon volet ;
J'entends crier partout : Au meurtre !... On m'assassine !...
Ou : Le feu vient de prendre à la maison voisine !
Tremblant et demi-mort, je me lève à ce bruit,
Et souvent, sans pourpoint, je cours toute la nuit.
Car le feu, dont la flamme en ondes se déploie,
Fait de notre quartier une seconde Troie,
Où maint Grec affamé, maint avide Argien,
Au travers des charbons va piller le Troyen.
Enfin, sous mille crocs la maison abîmée
Entraîne aussi le feu, qui se perd en fumée.

Je me retire donc, encor pâle d'effroi ;
Mais le jour est venu quand je rentre chez moi.
Je fais pour reposer un effort inutile :
Ce n'est qu'à prix d'argent qu'on dort en cette ville !...

Boileau n'était pas seul à se plaindre. On devine aisément quelle sujétion furent pour les habitants l'éclairage et l'entretien des lanternes publiques !.... Aussi c'était à qui éluderait ce service. Déjà les médecins s'en étaient fait exempter ; les anciens bourgeois de chaque quartier se liguaient entre eux pour charger de ces fonctions les habitants fraîchement installés, et les insultaient ensuite par des charivaris et des chansons.

Cependant cette organisation, toute vicieuse qu'elle était, subsista tant bien que mal jusqu'en 1758, aidée qu'elle fut du concours des hommes les plus notables.

A cette époque, un arrêt du 9 Juillet déchargea

les habitants du service de l'éclairage, qui fut depuis
lors exécuté par des employés spéciaux, aux frais de
la Couronne.

A partir de cette seconde moitié du XVIIIᵉ siècle,
les progrès se suivent plus rapidement.

Matherotde Preignal et Bourgeois de Chateaublanc,
après divers essais qui remontent à 1745, inventent
la lampe à réverbère. Ce fut en 1758 seulement que
Paris fut doté de ce nouveau mode d'éclairage, qui
constitue sans contredit un progrès énorme sur les
lanternes garnies de chandelles.

L'installation des lampes à réverbères fut goûtée
de tous et fit même époque, ainsi qu'on le voit par
le poème de Valois d'Orville, qui, supposant Phébus
fatigué de se voir arrêter dans sa carrière par l'obscurité de la nuit, porte ses plaintes au pied du trône
de Jupiter.

Celui-ci, sans doute très-embarrassé de changer
quelque chose dans l'ordre établi, ne trouve rien de
mieux à lui répondre que ces mots :

> Calme-toi. . . . .
>   Pour tes bienfaits plein de reconnaissance,
>   Le terrestre séjour soudain
>   Va se charger de la vengeance.
> Le règne de la nuit désormais va finir.
> Des mortels, renommés par leur sage industrie,
>   De leur climat sont prêts à la bannir.
>   Vois les efforts de leur génie :
> Pour placer la lumière en un corps transparent,
> Avec un verre épais une lampe est formée.
> Dans son centre une mèche avec art enfermée
>   Frappe un réverbère éclatant,
>   Qui, d'abord la réfléchissant,
> Porte contre la nuit sa splendeur enflammée.
>   Globes brillants, astres nouveaux

> Que tout Paris admire au milieu des ténèbres,
> Dissipez leurs horreurs funèbres
> Par la clarté de vos flambeaux !.....

L'encouragement du pouvoir qui, de nos jours, nous a valu les appareils Rhumkorff, fut aussi un puissant stimulant en 1769.

M. de Sartines, alors lieutenant de police, jugeant qu'il était possible d'obtenir encore de meilleurs résultats, promit, au nom du roi, une récompense à celui qui, au jugement de l'Académie des sciences, inventerait un système d'éclairage supérieur à celui de Preignat et de Chateaublanc.

Ce ne furent alors qu'essais de tous côtés. Les uns proposèrent des lampes de verre; les autres, l'installation de lanternes à trois faces vitrées, dites *appliques*, telles qu'on en voit encore à la porte de quelques corps de garde.

Au milieu de tous ces appareils, l'Académie en distingua un plus particulièrement. C'était un réverbère de forme hexagonale, garni à l'intérieur d'une lampe portant plusieurs becs alimentés par un réservoir unique. Chaque bec rayonnant du centre était garni d'un réflecteur concave en cuivre argenté. C'est ce même appareil dont on rencontre encore aujourd'hui de rares échantillons sur les berges de la Seine.

Cet appareil avait été inventé par le sieur Tourtille Saugrain, qui, outre la récompense promise, eut encore le monopole de l'éclairage public pendant vingt années.

Un réverbère coûtait alors à la ville de Paris, pour l'éclairage pendant une année, 255 francs. C'est à peine si, aujourd'hui, pour une durée beaucoup plus considérable du temps d'éclairage et pour une lumière dont l'intensité est beaucoup plus forte, la ville de Paris paie 70 francs pour un bec de gaz fonctionnant toute une année...

Mais les réverbères étaient alimentés alors avec des huiles d'olive, et il paraît que, pendant toute la durée du bail, elles furent tellement chères que Saugrain éprouva des pertes sérieuses.

On compensa ces pertes, en 1784, par un renouvellement de bail de vingt années nouvelles.

L'éclairage public devait avoir lieu toute l'année, excepté pendant la durée du clair de lune.

Mais il arrivait fréquemment qu'on comptait sans son hôte, et il résultait souvent que la lune était absente au moment où l'administration économe avait le plus compté sur sa présence.

Alors la ville restait plongée dans les ténèbres!... Il fallut, il faut bien le dire, un bon mot pour mettre fin à un état de choses qui suscitait sans cesse de nombreuses réclamations.

Certain soir qu'un comédien pataugeait dans les rues de Paris, à la faveur d'un clair de lune absent : « Ah! .. s'écria-t-il, il paraît que la lune comptait aujourd'hui sur les réverbères et que les réverbères comptaient sur la lune; il n'y a ni réverbères ni lune; mais ce qu'il y a de plus *clair*, c'est qu'on n'y voit goutte. »

Ceci rappelle un vaudeville de Scribe, où un caporal de garde-nationale, rendant compte de sa patrouille, parle d'un bourgeois qui

Marche d'un air contraint,
S'éclabousse et se plaint

D'un réverbère éteint
Qui comptait sur la lune.

Quoi qu'il en soit, cette plaisanterie parvint aux oreilles du lieutenant de police Lenoir, qui s'empressa d'ordonner que, pendant les jours de lune, les réverbères resteraient allumés jusqu'à trois heures du matin.

Cet ordre eut plus d'un résultat : il annula certaines pensions servies à différents personnages sur les économies que procurait la suspension de l'éclairage pendant les huit ou dix jours de lune, et que le public appelait avec ironie : *Pensions sur le clair de lune.*

Frappé de l'impuissance lumineuse, si je puis m'exprimer ainsi, des lampes à *mèches plates*, un Génevois du nom d'Argand avait imaginé la lampe à double courant d'air, et ouvert ainsi à l'éclairage à l'huile un horizon sans bornes.

Ce fut à Montpellier, en 1782, qu'Argand inventa la lampe à *mèche cylindrique*, qu'il présenta, la même année, aux Etats de Languedoc ; alors la lampe n'avait pas encore de cheminée de verre.

Venu à Paris l'année suivante, présenté au lieutenant de police Lenoir par Lesage et Cadet de Vaux, il fit en sa présence une expérience, et entretint, à cette même époque, MM. Cubières et Meunier d'une cheminée de verre, de la confection de laquelle il avait chargé Assier-Pérical ; mais, désireux de la faire exécuter en flint-glass, il partit pour l'Angleterre en Octobre 1783.

Pendant son absence, Lange et Quinquet (ce dernier ouvrier chez lui) contrefirent la lampe d'Argand et, s'emparant de toutes ses idées, y ajoutèrent la

cheminée de verre, objet de son voyage ; puis ils
présentèrent l'appareil ainsi complété à l'Académie
des sciences, le 18 Février 1784. Le rapport dressé
le 6 Septembre 1785 conclut à ce que la seule invention des présentateurs *était la cheminée de verre.*

A ce propos, Reybas fit le quatrain suivant :

> Voyez-vous cette lampe où, muni d'un cristal,
> Brille un cercle de feu qu'anime l'air vital ?...
> Tranquille avec éclat, ardente sans fumée,
> Argand la mit au jour, et Quinquet l'a nommée.

Le chagrin de voir donner le nom de Quinquet aux
appareils dont l'invention faisait sa gloire, conduisit
bientôt Argand au tombeau. Mais il laissait à des
mains habiles le dépôt précieux de son invention,
ainsi que des études, fort avancées déjà, sur une nouvelle forme de réflecteurs.

Bordier-Marcel, son successeur, s'appliqua à per-
fectionner et à compléter l'œuvre de celui que l'on
a appelé à bon droit le *père de la lumière.*

Les réflecteurs paraboliques de Bordier-Marcel,
adaptés aux lampes d'Argand, firent leur apparition
à Paris de 1805 à 1808.

Des expériences sérieuses et suivies eurent lieu
par les ordres de l'empereur. De tous côtés, le succès
fut complet, et le nouveau système d'éclairage allait
être adopté lorsque parut le gaz.

L'industrie de l'éclairage au gaz a pris naissance
à Brachay, près de Joinville, département de la
Haute-Marne, en 1797. Le mérite exclusif de cette
invention (l'application du gaz à l'éclairage artifi-
ciel) appartient à M. Philippe Le Bon, d'Humbersin.

Il avait environ trente ans, lorsqu'il commença

ses expériences sur la distillation du bois pour en extraire le gaz d'éclairage ; il construisit dans la maison de son père un appareil distillatoire complet, à l'aide duquel il produisit le gaz d'éclairage. Il comprenait tellement l'avenir industriel de cette découverte, qu'il disait aux paysans ébahis : « Mes amis, je vous chaufferai et je vous éclairerai de Paris à Brachay. »

Venu à Paris, il fit des essais en grand dans sa demeure, rue et île Saint-Louis, en face l'hôtel Bretonvillers ; il adressa un mémoire à l'Institut, et prit un brevet le 28 Septembre 1799. L'invention de Le Bon éveilla l'attention publique. Ayant transporté son domicile rue Saint-Dominique, n° 1517, sa maison devint le théâtre d'expériences fort remarquables, auxquelles chacun avait le droit d'assister, moyennant une rétribution de 9 francs. Le premier consul lui accorda des concessions de bois dans la forêt de Rouvray pour expérimenter ses procédés.

Le Bon n'eut pas le bonheur de voir se généraliser l'emploi du gaz d'éclairage, et nous ne doutons pas que, sans sa mort, il eût fait adopter ce mode d'éclairage en France. Il mourut le jour même du sacre de Napoléon Ier, le 2 Décembre 1804 ; il avait été invité à la cérémonie, et le soir même, on le ramena chez lui tout sanglant. Le bruit courut qu'il avait été assassiné dans les Champs-Elysées.

Toutes les expériences de Le Bon étaient suivies pas-à-pas en Angleterre par Williams Murdogg. On voit bientôt ce dernier s'efforcer de trouver un moyen pratique d'établir l'éclairage au gaz, et l'appliquer dans sa maison et son bureau à Redruth.

Il distillait le charbon dans des cornues de fer, et

dirigeait le gaz à travers des tubes à une distance de 70 pieds. Il se servait même du gaz dans une vessie ou dans des sacs de cuir ou de soie vernie , garnis d'un petit tube, munis d'un robinet à mince orifice, à travers lequel le gaz s'échappant était enflammé et lui servait de lanterne pour aller et venir des mines de Cornouailles à son domicile.

Peu à peu il perfectionne ses appareils, et nous le voyons éclairant une partie de la fonderie de Soho , appartenant aux célèbres ingénieurs Bolton et Watt, et faisant ses expériences devant un grand nombre de personnes.

La première expérience publique qui fut faite à cette usine fut l'illumination générale de la façade, en commémoration de la paix d'Amiens, en 1802.

En 1805, Murdogg éleva une petite usine pour éclairer la plus grande filature à coton de la Grande-Bretagne.

La quantité de lumière fournie à cette filature était égale à 2,000 chandelles de 6 à la livre , et dans les détails sur le prix de revient de l'éclairage de cet établissement par le gaz, comparé à celui fait au moyen de chandelles. Murdogg trouva que l'avantage était grandement en faveur du premier.

Dans cette même année 1805, le docteur Henri de Manchester, chimiste éminent, expliqua dans une série de leçons remarquables la manière de faire le gaz et surtout de le purifier.

Cleeg, Northern de Leeds. Pimberton de Birmingham, Accoum et d'autres savants s'occupèrent activement, vers cette époque aussi, d'expériences sur le gaz de charbon, d'huile, de résine, de tourbe, etc., etc., et des moyens de les appliquer à des usages domestiques.

Windsor rendit un service signalé à la cause de l'éclairage au gaz, en éveillant l'attention publique à ce sujet, et il déploya, dans ses efforts, un talent considérable uni à une énergie et à une persévérance infatigables.

En 1809, une demande fut présentée au parlement pour la fondation d'une compagnie appelée : *Chartereed gas-licht and coke Company*.

Il serait trop long d'énumérer ici les difficultés que rencontra cette première compagnie. Mais le nombre de personnes engagées dans cette entreprise, leur influence, les intérêts mis en jeu étaient trop grands pour que le découragement fût facile, et, dans l'année suivante, en 1810, un acte du parlement autorisa Sa Majesté à délivrer un privilége.

Les préjugés contre l'introduction de l'éclairage au gaz étaient si forts, non-seulement dans le public, mais même parmi les savants, qu'ils furent sur le point d'entraver les débuts de cette compagnie.

L'éclairage d'une ville au moyen du gaz paraissait un projet presque chimérique. Davy (depuis sir Humphry) le regardait comme si ridicule, qu'il demanda si on avait l'intention de prendre la cathédrale de Saint-Paul comme gazomètre ; à quoi Cleeg répondit qu'il espérait voir le jour où des gazomètres ne seraient pas beaucoup plus petits.

Sa prédiction s'est en partie réalisée, car nous voyons John Aird construire, en 1857, à l'usine impériale (Kakney-Road) un gazomètre de 92 mètres de diamètre sur 12 mètres d'élévation, cubant 79,764 mètres cubes.

Au commencement de ses opérations, la compagnie éclaira gratuitement des boutiques et des maisons. C'était alors une nouveauté qui excitait la surprise et l'admiration générale, et, tous les soirs, une foule immense stationnait devant ces établissements, attendant avec anxiété le moment de l'allumage.

On raconte à cette occasion qu'une dame de haut rang fut si étonnée et ravie de l'éclat d'une lampe fixée sur le comptoir d'une boutique, qu'elle pria de la lui laisser emporter dans sa voiture, offrant de payer n'importe quel prix une lumière si supérieure à tout ce qu'elle avait vu.

En 1813, l'usine à gaz de Peter-Street-Westminster fut construite sous les ordres de Cleeg.

Une terreur indicible s'empara des habitants de ce quartier au moment où cette nouvelle compagnie voulut se servir des appareils qu'elle avait installés à grands frais.

Une députation vint exposer toutes les craintes des habitants au gouvernement. Une commission, composée de sir Joseph Banks et de quelques autres membres de la société royale, fut chargée d'examiner attentivement les appareils de la compagnie et de faire un rapport.

Pendant que sir Joseph Banks et les membres de la commission se trouvaient près du gazomètre, discutant sur les dangers qui résulteraient de l'approche d'une lumière près d'une fuite, Cleeg appela un ouvrier, lui fit apporter une pioche et une chandelle, puis fit un trou dans le gazomètre et approcha la lumière du gaz qui en sortait. Aussitôt.........
.... toute la commission s'enfuit

dans toutes les directions , ... et ce fut à leur domicile que les illustres membres de la Société royale constatèrent. . . . . qu'aucune explosion n'avait eu lieu.

Le 31 Décembre 1813 , le pont de Westminster fut éclairé au gaz. Cet éclairage attira, comme toujours, l'attention générale, et tant que la nouveauté dura , ce fut un lieu de promenade fashionable.

Les allumeurs se servaient alors de torches pour l'allumage , et ils avaient une telle crainte du nouveau système, qu'ils refusèrent de faire leur service pendant les premiers jours , en sorte que Cleeg fut obligé lui-même d'allumer les réverbères.

La *Chartered-Company* finit enfin par vaincre les principales difficultés, et bientôt on vit toutes les villes importantes d'Angleterre adopter l'éclairage au gaz.

Revenons maintenant en France.

Le Bon , en mourant, laissa une veuve n'ayant pour tout moyen d'existence qu'une faible pension que l'empereur lui avait accordée.

Un homme de cœur, Ryss-Poncelet, de Liége , qui s'était généreusement associé à la veuve de Le Bon, vint s'installer dans les galeries Montesquieu, qu'il éclaira au gaz aux grands applaudissements de la foule, aidé qu'il était des appareils que Bordier-Marcet avait construits lui-même, prêtant ainsi à son heureux rival tout le prestige de ses inimitables réflecteurs.

Ces expériences attirèrent l'attention du préfet de la Seine. Ancien élève de l'Ecole polytechnique, le comte Chabrol de Volvic comprit que cette question d'éclairage au gaz pouvait être d'une importance majeure pour les intérêts de la ville de Paris.

Il la fit donc étudier à fond. Un appareil destiné à l'éclairage de l'hôpital Saint-Louis fut construit par ses ordres en 1812, et il servit aux nombreuses expériences qui, sous la direction d'une commission spéciale, devaient résoudre les principaux problèmes de la fabrication et de la distribution du gaz dans Paris.

Sous la restauration, Louis XVIII, jaloux de voir progresser sous son règne une grande industrie, fonda la Compagnie Royale, qu'il constitua à l'aide des deniers de la liste civile.

Il y a un moyen mnémotbecnique facile pour ne pas oublier la date de la fondation de cette Compagnie : c'est que ce fut en 1818 que Louis 18 a donné 18 cent mille francs pour la construction de cette usine.

L'usine de la Compagnie Royale, dont la direction avait été confiée à l'ingénieur Pauwels, n'était destinée primitivement qu'à fournir l'éclairage au Luxembourg. Elle fut installée dans une ancienne église dépendante autrefois du séminaire Saint-Louis, et située près de la rue d'Enfer, derrière la fontaine Médicis.

Après avoir fonctionné régulièrement pendant douze ans, elle fut supprimée en 1833. Dans cet intervalle, Pauwels avait monté deux grandes usines, l'une à Vaugirard, l'autre au faubourg Poissonnière. Une compagnie anglaise s'installa barrière Courcelles, et successivement s'élevèrent cinq autres établissements importants.

Toutes ces diverses compagnies ont enfin été réu-

nies en une seule et puissante administration générale, qui prit le nom de *Compagnie Parisienne*,
lors du nouveau privilége concédé par la ville de
Paris, le 20 Juillet 1855.

Je ne puis passer ici sous silence une invention
remarquable qui prit naissance à Reims.

M. Houzeau-Muiron, dont la mémoire est si chère
à ceux qui, comme vous, Messieurs, ont pu appré-
cier et juger la haute portée de son intelligence, mit
à profit une invention antérieure de Taylor, consis-
tant à produire, par la décomposition ignée des
huiles, du gaz trois ou quatre fois plus éclairant, à
volume égal, que le gaz de houille.

Mais c'était là un gaz fort coûteux, et M. Houzeau-
Muiron rendit cette préparation économique, en
extrayant la matière grasse des eaux savonneuses
rejetées, à cette époque-là, après le lavage des
laines.

Pour transporter au domicile du consommateur ce
gaz nouveau, M. Houzeau-Muiron imagina de faire
faire d'immenses sacs cylindriques en toile imper-
méable, qui, flexibles comme des soufflets, entre
deux disques en bois, étaient facilement transvidés
ensuite dans de petits gazomètres chez les consom-
mateurs.

C'était là le commencement d'une industrie connue
sous le nom de *gaz portatif*, industrie qui complète
celle du gaz courant, puisqu'elle peut fournir l'éclairage aux habitations et établissements qui ne se
trouvent pas à proximité des conduites souterraines
des usines.

Je viens d'esquisser à grands traits, devant vous,

Messieurs, l'historique de l'éclairage avant et après l'apparition du gaz ; je vais aborder, dans la deuxième partie de cette conférence, la fabrication proprement dite, la distribution, et enfin la combustion.

Qu'il me soit permis de vous remercier de la bienveillante attention que vous avez bien voulu me prêter dans la première partie de cette soirée.

DEUXIÈME PARTIE

Il existe un préjugé assez généralement répandu, qui consiste à croire que le gaz est un *combustible spécial* extrait de la houille seulement.

C'est une erreur, car toutes les fois qu'une matière organique entre en décomposition, il se forme du gaz (1).

Cette décomposition peut avoir lieu *naturellement*, ou *artificiellement* par la chaleur. Mais tous les gaz ainsi obtenus ne peuvent entrer en combustion. De là, une première classification générale en gaz *inflammables* et gaz *non inflammables*.

On donné aux gaz les noms des principaux éléments organiques qui ont présidé à leur formation. Ainsi on dit l'hydrogène carboné, l'hydrogène sulfuré, parce que ces gaz sont formés d'hydrogène et de vapeurs de charbon, d'hydrogène et de vapeurs de soufre.

Une expérience bien simple vous démontrera mieux que toutes mes explications, qu'on peut obte-

(1) Ce nom tire son origine du vieux mot allemand *gasth* ou *geisth* (esprit).

nir du gaz d'éclairage autrement que par les appareils compliqués d'une usine.

Voici une bougie, je l'allume. Aussitôt la mèche,
en s'échauffant, communique sa chaleur au corps
gras dont elle est enveloppée.

Que se passe-t-il ? Vous voyez d'abord ce corps gras
solide, fondre et se convertir en liquide. Puis, en
examinant la petite nappe liquide, nous voyons se
former à sa surface un va-et-vient continuel,
comme lorsqu'un liquide entre en ébullition. Puis,
en poursuivant l'examen attentivement, nous voyons
de petits globules monter sans cesse et sans interruption au point où la mèche est en ignition. Là,
la chaleur se concentrant davantage, les globules se
dilatent, puis crèvent et laissent échapper le gaz
qu'ils renfermaient. Ce gaz entretient la combustion
et fournit ce qu'on est convenu d'appeler la lumière
de la bougie.

Ce que je vous dis est tellement vrai, Messieurs,
que, si j'éteins la bougie et que je la rallume pendant
que la mèche, encore chaude, continue son travail
de distillation, il suffit d'approcher une allumette
enflammée à quelques centimètres de la bougie, pour
que la flamme reparaisse instantanément avec une
petite explosion. Ce qui signifie que les gaz conti-
nuant à se produire et se dégageant de la mèche,
prennent feu avant qu'ils soient dissipés dans l'at-
mosphère. Eh bien ! ce qu'on peut obtenir avec de la
graisse, on le produit également avec du bois, de
la tourbe, de la résine, et enfin du charbon.

C'est de ce dernier mode que nous allons nous
occuper plus spécialement dans cette seconde partie
de la conférence.

Puisque les gaz ne se produisent que par les matières organiques en décomposition, comment expliquer qu'une pierre, noire d'apparence, puisse produire cet éclairage que nous avons devant les yeux?
Autrement dit, qu'est-ce donc que la houille? Tout
le monde s'accorde aujourd'hui à dire que la houille
est formée de débris végétaux. Du reste, tout le
prouve, car nous y retrouvons sans cesse des em-
preintes de troncs de palmiers, de fougères, etc., de
dimensions inconnues de nos jours.

Mais si tout le monde est d'accord sur la composition de la houille, il n'en est pas de même lorsqu'on
veut expliquer son origine.

L'opinion qui m'a paru la plus rationnelle est
celle développée dans cet ouvrage si intéressant de
Louis Figuier, *la Terre avant le déluge*; que tout le
monde a lu.

Je vous demande la permission de vous en citer
textuellement un passage, ne voulant pas dénaturer
par mes explications une démonstration faite avec
autant de simplicité que de clarté.

« Pour comprendre entièrement le phénomène de
la transformation en houille des forêts et des plantes
herbacées qui remplissaient les marécages de l'ancien
monde, il est une dernière considération à présenter.
Pendant la période houillère, l'une des plus anciennes
de l'histoire du globe, la croûte terrestre, alors à
peine consolidée, ne formait qu'une enveloppe très-
élastique, en raison de son immense étendue, et qui
reposait sur la masse liquide intérieure. Cette croûte
élastique était agitée par des mouvements alternatifs
d'élévation et d'abaissement de la masse liquide in-
terne, qui était soumise encore, comme le sont nos

mers actuelles, à l'attraction lunaire, ce qui donnait naissance à des sortes de marées souterraines, pouvant produire, à des intervalles plus ou moins éloignés, des affaissements du sol. C'est peut-être par un de ces affaissements du sol que les forêts et les grandes masses végétales de l'époque houillère se trouvaient submergées, et que les herbes et arbustes, après avoir couvert un certain temps la surface de la terre, finissaient par être noyés par les eaux. Après cette submersion, de nouvelles forêts se développaient dans le même lieu et sur le même sol. Par un nouvel affaissement, ces forêts s'enfonçaient à leur tour sous les eaux. C'est probablement par la succession de ce double phénomène : l'enfouissement des plantes — et le développement sur le même terrain de masses végétales nouvelles, — que les énormes amas de plantes à demi décomposées qui constituent la houille, se sont accumulés pendant une longue série de siècles. »

Cette démonstration, qui m'a paru l'une des plus claires de toutes celles que j'ai étudiées, permet d'expliquer, par la variation des essences des forêts immergées, la variation des houilles que nous rencontrons sous le globe.

En voici, Messieurs, trois échantillons, variant sensiblement d'aspect. L'un, provenant des bassins houillers de Mons, présente, dans sa stratification, des zônes brillantes et jaunes ; c'est du soufre qui, combiné dans une certaine proportion, constitue ce qu'on nomme le *sulfure* ou *pyrite de fer*.

Le second, d'un noir mat, provient d'Angleterre et est connu sous le nom de *cannel-coal*. Très-facile à travailler, il sert aujourd'hui à confectionner ces colliers, bracelets, etc. , que la mode vient de mettre en vogue.

Enfin , le troisième échantillon, d'un aspect plus grisâtre , beaucoup plus léger à la main que les autres, nous vient d'Écosse , et est appelé *bog-head*.

C'est celui qui renferme le gaz oléfiant, gaz qui donne une clarté si vive et si brillante. Chose singulière , on tire des produits de la distillation de ce charbon une substance blanche et transparente , dont on confectionne des bougies analogues à celles qu'on fait avec de la cire.

Passons en revue, maintenant, les procédés à l'aide desquels on produit le gaz d'éclairage.

Le charbon , mis en menus morceaux , est jeté à la pelle dans un vase en terre , de forme ovale à son orifice, et ayant une profondeur de 2 mètres 50 à 2 mètres 80.

Ce vase est garni d'une partie saillante, qui prend le nom de *tête de cornue*, et est munie d'un obturateur , dit *tampon*, que l'on ferme avec une vis de pression et d'une tubulure, par où le gaz s'échappe de la cornue à l'aide d'un tuyau d'*ascension*.

Que se passe-t-il dans l'intérieur de ce vase, lorsqu'on le garnit de charbon?

Ce vase, mis au contact d'un foyer incandescent (dont les expériences, à l'aide du pyromètre, faites à l'usine expérimentale de La Villette, portent à 1270° le degré de chaleur obtenu), communique sa chaleur au charbon qu'il renferme.

L'obturateur ou tampon empêchant l'introduction de l'air dans la cornue, il ne peut y avoir *combustion*, mais seulement *décomposition*.

En effet, peu-à-peu les molécules qui composent le charbon de terre se désagrégent, les gaz se forment ; les uns, plus légers, partent les premiers ; les autres, plus chargés de vapeurs de charbon, suivent ensuite, et, finalement, il ne reste dans l'appareil que les parties qui ne peuvent pas se volatiliser et auxquelles on donne le nom de *coke* (mot anglais, dérivé du mot latin *coquere*, cuire).

Lorsque la décomposition du charbon ne produit plus de vapeurs de charbon, le vide se forme, et alors ces vapeurs, rappelées par aspiration, viennent se décomposer contre les parois chaudes de la cornue. A cet effet, Cleeg inventa le cylindre appelé *barillet* qui se place dans la partie supérieure du four, dans lequel pénètre le tuyau d'ascension en se recourbant. Ce cylindre est rempli d'eau par moitié, et le tuyau d'ascension plonge d'une certaine longueur dans le liquide formant un lut qui laisse passage au gaz poussé par la chaleur du foyer, mais se refermant aussitôt et évitant ainsi le retour du gaz dans la cornue.

Cette disposition si simple est d'une utilité incontestable, et l'on peut dire que, sans la disposition ingénieuse de cet appareil, la fabrication du gaz serait impossible. En effet, tout le monde sait que 2 volumes d'hydrogène et 1 volume d'oxygène forment un mélange détonnant.

Donc, lorsqu'on serait obligé d'enlever l'obturateur pour retirer le coke et le remplacer par du charbon, la cornue renfermant de l'hydrogène se trouverait en présence de l'air extérieur. Fournissant immédiatement le volume d'oxygène nécessaire, et l'incandescence de la cornue mettant feu à cette

combinaison, une explosion aurait lieu instantanément avec un fracas épouvantable et une force
capable de causer les accidents les plus graves.

Du barillet, le gaz se dirige dans un appareil dont
l'ensemble rappelle les tuyaux d'orgue de nos belles
cathédrales. Aussi nomme-t-on cet appareil *réfrigérant à jeu d'orgues*.

Voyons quelle est son utilité.

Nous avons vu que les gaz saturés de vapeurs de
charbon se produisaient successivement sous l'action
incessante de la chaleur développée par le foyer; mais,
cette chaleur venant à cesser, les vapeurs de charbon
qui ne s'étaient produites que sous cette influence, ne
pouvant pas se maintenir à l'état gazeux, cherchent
à reprendre la forme intermédiaire entre l'état gazeux et l'état solide : c'est ce qui produit le *goudron*.
et l'on provoque la formation de ce liquide en faisant
suivre au gaz un long parcours dans des tuyaux
disposés comme un jeu d'orgues.

Dans sa partie inférieure, cet appareil renferme
une citerne installée de telle sorte que l'écoulement
des goudrons puisse s'opérer de lui-même, tandis
que les parties non condensables continuent leur
parcours vers de nouveaux appareils.

Cette condensation, qui convertit ainsi les vapeurs
les plus lourdes de charbon en liquide, donne un
résultat des plus intéressants à étudier.

En effet, si on examine au microscope le gaz au
sortir du réfrigérant, on le voit enfermé dans de
petites poches, dont la membrane est formée par
les molécules visqueuses du goudron.

Pour mieux vous faire encore comprendre ma
pensée, je vais faire insuffler devant vous du gaz

dans un bain de savon, et vous verrez en grand ce qui se passe en petit dans la forme qu'affecte le gaz au sortir du réfrigérant.

Il convenait dès lors d'aviser au moyen de déchirer ces globules, de telle sorte que le gaz pût traverser toutes les conduites, sans les tapisser de goudron, fort difficile à récolter dans les tuyaux de distribution souterraine. De là l'installation d'un cylindre à diaphragme, garni de débris anguleux, cylindre auquel les Anglais ont donné le nom de *scrobwer*, et que nous appelons, en France, *caisse à coke*. Le gaz, obligé de traverser de haut en bas, puis de bas en haut, tous les débris de briques dont cette caisse est garnie, déchire sans cesse ses poches goudronneuses et sort enfin de là, débarrassé de tout ce qu'il n'aurait pas pu entraîner avec lui.

En examinant tout-à-l'heure devant vous les zônes dont se compose le morceau de charbon que je vous présentais, je vous faisais remarquer la présence du sulfure de fer.

On comprend donc qu'il se forme dans la distillation qui s'opère dans la cornue, non-seulement alors des gaz se combinant avec des vapeurs de charbon, mais encore d'autres gaz dans lesquels le soufre entre en combinaison. C'est ce qu'on nomme l'*hydrogène sulfuré*, et qui renferme le principe nauséabond rappelant l'odeur d'œufs pourris. Ce sont ces gaz provenant de l'hydrogène sulfuré qui, tout en altérant la peinture, l'argenterie, les couleurs, etc., etc., ont cependant un rôle bien important.

En effet, c'est leur odeur piquante et insupportable qui, dans une pièce éclairée au gaz, révèle une fuite provoquée par la défectuosité de l'appareil servant soit à la distribution, soit à la combustion du gaz.

Il devenait donc urgent de priver le gaz de ce mélange nuisible, et d'en laisser cependant une certaine quantité pour révéler l'imperfection des appareils dans l'intérieur des habitations.

C'est à l'aide du sulfate de fer, appelé vulgairement *couperose*, et de chaux éteinte, qu'on parvient à désinfecter le gaz dans des appareils formés d'une caisse carrée, recevant des claies disposées d'étage en étage. Ces claies sont chargées, comme vous pouvez le voir dans le petit appareil que voici, dans la partie basse de la caisse, de sulfate de fer mélangé à de la sciure de bois, et dans la partie supérieure, de chaux hydratée, pour absorber l'acide carbonique que renferme le gaz. Le tout est coiffé d'un couvercle dont les bords baignent dans une gorge remplie d'eau, de façon à obtenir une fermeture qui ne permette pas au gaz de s'échapper.

Purifié, le gaz est donc propre à être emmagasiné, pour être distribué ensuite en ville, à la tombée de la nuit.

Avant d'emmagasiner le gaz, on s'assure de son degré de pureté.

A cet effet, dans l'appareil que vous voyez, on suspend un morceau de papier imbibé d'une préparation d'acétate de plomb ou extrait de saturne. L'hydrogène sulfuré que renferme le gaz, ayant plus d'affinité pour le plomb que pour l'hydrogène, abandonne ce dernier et forme un sulfure de plomb qui rend le papier noir, si l'épuration n'a pas enlevé la présence de ce gaz.

Les réservoirs dans lesquels on amasse une production de gaz qui se fait sans interruption se nomment *gazomètre*.

Deux parties distinctes existent dans le gazomètre : la cuve, grande citerne en maçonnerie et remplie d'eau, et la cloche, grand cylindre en tôle, recouvert d'une calotte en tôle également.

L'eau sert en quelque sorte de fourreau à la cloche, de telle sorte que lorsque le gaz arrive par la conduite souterraine qui se dégage au-dessus du niveau d'eau, il prend son point d'appui sur la surface de l'eau, et, s'accumulant sans cesse, opère ainsi le soulèvement de la cloche dont les parois, libres dans l'eau, sont guidées par des conducteurs fixés à des colonnes en maçonnerie ou en fonte.

L'effort que fait le gaz pour soulever la cloche se mesure à l'aide d'un petit appareil qu'on nomme *manomètre.*

On conçoit aisément, en revenant sur ses pas et en suivant la marche du gaz dans tous les appareils que je viens de détailler, que c'est la chaleur du foyer, qui communique sans cesse au gaz la force élastique qui lui permet de soulever avec la cloche du gazomètre un poids énorme, surtout si on l'augmente en pensée de la charge atmosphérique.

On sait, en effet, que le poids d'une colonne atmosphérique ayant une base d'un décimètre carré équivaut à un poids de 10 kil. 330 gr. Qu'on se figure dès lors la force élastique qu'il faut accumuler pour soulever un gazomètre semblable à celui que M. Joseph Aire a fait à Londres.

Dans l'industrie du gaz, on nomme pression *naturelle*, celle provoquée par la chaleur des fours, en opposition de la pression *mécanique*, qui est celle à l'aide de laquelle on répand le gaz en ville dans les innombrables ramifications qui viennent se greffer sur les tuyaux de conduite principale, et qu'on nomme *artères*. Rien ne peut mieux donner une idée de la circulation du gaz en ville que l'image, qu'on trouve dans les livres d'anatomie, représentant la circulation du sang chez l'homme. Ici, seulement, c'est le gazomètre qui fait les fonctions du cœur dont les contractions propulsent le sang artériel dans les ramifications les plus fines du système veineux. Remarquons que le gaz emmagasiné dans la cloche du gazomètre conserve toujours la force élastique à l'aide de laquelle il soutient la cloche en l'air.

C'est cette force qu'on utilise pour chasser avec violence le gaz dans les conduites, lui faire franchir les lieux les plus bas et l'amener enfin, après mille passages tortueux, à descendre par un petit tuyau de plomb comme celui que nous avons au-dessus de nos têtes, pour se distribuer encore dans les divers bras du lustre, et épanouir enfin sa lumière à nos yeux.

Je n'énumérerai pas en détail tous les obstacles qui viennent parfois entraver la marche du gaz dans les conduites. Néanmoins, je ne veux pas passer sous silence un fait qui se produit fréquemment, et qui donne parfois à la flamme ces inter·mittences insupportables à la vue.

Les conduites qui, partant de l'usine, se ramifient dans toute la surface d'une ville, sont généralement à une profondeur qui les met hors de l'atteinte des gelées, car on sait que, dans les plus grands froids (15º), la congélation des terres ne descend pas au-delà de 40 à 45 cent., d'où l'on peut conclure que le gaz, dans les conduites souterraines, n'éprouve pas de grandes variations de température. Mais il n'en est pas de même des branchements, qui, étant obligés d'arriver à la surface du sol, pour pénétrer dans les habitations, sont alors au contact direct de l'eau congelée. Qu'un dégel survienne immédiatement, la glace, pour fondre, absorbe tout le calorique ambiant, et un froid intense se produit dans l'intérieur du branchement. La petite quantité de vapeur d'eau qu'entraîne le gaz se prend en glace le long des parois intérieures du tuyau. Si le dégel continue, il se forme alors ce qu'on appelle *condensation*, c'est-à-dire que le givre devient eau et dépose dans le tuyau une petite nappe d'eau mobile qui, poussée par la pression du gaz, tend sans cesse à se déplacer en oscillant. Ces intermittences, réagissant sur l'arrivée du gaz au bec, produisent ainsi ce rétrécissement successif de la flamme.

Puis, lorsque le jour, la pression émise de l'usine vient à cesser, toutes ces petites nappes d'eau suivent le branchement et descendent dans l'artère principale. Une accumulation d'eau provenant de tous ces branchements se fait alors dans la conduite, et il se produit quelquefois pour toute une rue, tout un quartier, ce qui avait eu lieu pour un tuyau d'embranchement. De là, pour les compagnies, la nécessité ruineuse de faire des fouilles pour purger les conduites principales.

Quand, de 5 à 7 heures, en hiver, tous les établissements sont éclairés, l'usine doit fournir une plus grande quantité de gaz; l'émission doit, au contraire, diminuer lorsque, successivement, la soirée s'avançant, les becs s'éteignent. On a, dans cette vue, imaginé ce qu'on nomme un *régulateur*. Voici une cuve dans laquelle le gaz pénètre au centre par un tuyau armé d'une rondelle dont la circonférence est parfaitement exacte. Le gaz trouve, en s'élevant, une cloche rendue plus sensible encore par un flotteur qui compense une partie du poids qu'elle perdrait, si elle restait immergée dans l'eau qui lui sert de fermeture hydraulique. Au centre de la cloche est suspendu un cône qui s'emboîte dans la rondelle du tuyau d'arrivage. Le gaz pénétrant avec toute la force élastique qui lui est artificiellement communiquée par le gazomètre, soulève la cloche qu'on règ.e à l'aide d'un poids, afin d'augmenter ou de diminuer à volonté l'introduction du gaz. Il s'en suit que la cloche, occupant un point élevé ou bas, communique le même mouvement au cône, qui s'ouvre ou se ferme suivant les besoins d'émission.

Mais il fallait conserver trace de ces oscillations de la cloche, afin de juger successivement l'accroissement des besoins de chaque heure. On a imaginé ce qu'on appelle un *indicateur de pression*. C'est une cloche mise en communication avec la conduite par un tuyau qui pénètre dans l'intérieur. Cette cloche, plongée dans l'eau, ne donne aucune issue au gaz: Si donc on augmente la pression dans les conduites, en laissant passage à un plus grand volume de gaz, la force élastique augmente et soulève la cloche. En diminuant l'émission, la diminution de pression produit un effet inverse, et la cloche redescend. A la partie supérieure de ce cylindre fermé, se trouve une tige armée d'un crayon, qui grafie sur le cylindre tendu de papier toutes les variations qui se sont produites dans la soirée. Une horloge placée dans la partie supérieure imprime, par un mécanisme spécial, un mouvement de rotation suivant les heures écoulées, et on a ainsi par heure, par minute même, l'indication de la circulation du gaz dans les conduites.

Nous venons de passer en revue la *production* et la *distribution* du gaz ; examinons maintenant la *combustion*.

Si l'on fait arriver dans l'appareil que voici, d'un côté, de l'hydrogène pur, de l'autre, de l'hydrogène carboné, et qu'on allume deux becs, on voit, d'un côté. une flamme bleu-pâle, donnant beaucoup de chaleur, mais peu de clarté ; de l'autre, au contraire, la flamme est brillante et produit une grande clarté.

Si maintenant on superpose au-dessus de celle qui donne cette brillante lumière un corps blanc et froid, et qu'on l'approche jusqu'à ce qu'il soit au contact de la flamme, que se passe-t-il ? L'éclat de la lumière diminue, et la soucoupe de porcelaine que nous avons retirée est toute noircie. Cette expérience démontre que l'hydrogène fournit le calorique nécessaire aux vapeurs de charbon pour amener les molécules dont elle est composée au degré de chaleur voulu pour que, se combinant avec l'oxygène de l'air ambiant, elles deviennent lumineuses.

Ce que j'avance est tellement vrai, qu'il suffit d'une autre expérience pour vous prouver que la zône bleue que vous voyez dans la flamme est le parcours du carbone non suffisamment échauffé, et qui devient lumineux dans la seconde moitié de la flamme, après s'être échauffé dans le trajet de la première partie.

Cette expérience consiste à faire traverser la zône bleue par un courant de poussière à l'aide d'un soufflet. Aussitôt la partie sombre de la flamme pétille de mille étincelles. C'est que, cette poussière retardant le mouvement d'ascension des molécules de charbon, ces dernières, arrêtées dans leur course, ont le temps de s'échauffer par un prolongement de séjour au contact de l'hydrogène, et deviennent lumineuses comme dans la partie supérieure de la flamme.

Cette propriété du carbone de devenir lumineux forme ce qu'on appelle *le pouvoir éclairant d'un gaz*.

Cet élément est donc bien important dans la fabrication du gaz, et l'on conçoit que le pouvoir éclairant puisse varier d'une façon très-sensible, suivant la nature des charbons qui ont servi à la fabrication.

De là, la nécessité de constater d'une façon précise les qualités du gaz. On le fait de plusieurs manières : d'une part, par la comparaison de la flamme avec une flamme dont l'éclat est invariable, et d'autre part, par le poids du gaz, ou, pour parler plus correctement, par la recherche de la *densité* du gaz.

Examinons d'abord la recherche par la flamme.

Si l'on dispose un corps opaque mince, une tige de fer, par exemple, devant un écran, on intercepte le passage des rayons lumineux et on produit une ombre. Cette ombre sera d'autant plus foncée que la lumière sera plus éclatante. Ainsi les ombres projetées d'un bâtiment, par un beau soleil, sont bien plus noires que celles produites par le plus pur des clairs de lune. Ce principe établi, présentons devant un écran, précédé d'une tige, deux lumières, l'une brûlant l'hydrogène, par exemple ; l'autre l'hydrogène carboné, il faudra rapprocher la première tout contre l'écran pour qu'elle puisse produire une ombre, tandis qu'il faudra, au contraire, éloigner l'autre, pour que, l'intensité de l'ombre diminuant par l'éloignement de la lumière, cette dernière finisse par se confondre sur l'écran dans une même nuance avec celle qui est produite par l'autre flamme. Fixer, à l'aide d'une lumière qui ne varie pas, le pouvoir éclairant de la lumière du gaz qui, au contraire, est susceptible de variation, s'appelle *titrer le gaz.*

Ce sont les remarquables expériences de Dumas et de Regnault, faites en 1860, qui nous permettent aujourd'hui de préciser le titre du gaz d'une façon rigoureuse.

La lumière invariable est produite par une lampe Carcel, consumant en une heure 42 grammes d'huile de colza épurée, pendant que le bec de gaz doit, au maximum, brûler 105 litres de gaz pendant le même espace de temps. L'écran, placé dans la chambre obscure, et divisé par un diaphragme, doit présenter la même nuance, dès le début de l'opération, par les rayons des deux lumières qui viennent la frapper. Si la lumière du gaz est plus éclatante, la portion de l'écran qui en reçoit les rayons devient plus lumineuse; si, au contraire, la lumière du gaz est moins vive que celle projetée par la lampe Carcel, le disque devient plus terne.

On ramène ou on diminue la quantité de gaz qui arrive au bec d'expérience, de telle sorte que l'intensité de lumière soit égale de part et d'autre, et à l'aide d'un compteur d'expériences, on constate la dépense faite en une heure. Le résultat en dessus ou en dessous de 105 litres indique si le gaz a le titre ou s'il ne l'a pas.

Nous avons vu quelle était l'action du carbone dans le gaz, relativement au pouvoir éclairant, c'est-à-dire à l'éclat plus ou moins grand de la lumière. Il devient donc bien important pour une usine de faire le dosage de ce carbone, c'est-à-dire de chercher à connaître la *densité* du gaz fabriqué.

Voici, Messieurs, un appareil fort simple et fort ingénieux inventé par Bunsen, le célèbre physicien de Magdebourg. Sa construction repose sur le principe suivant : à savoir que la *vitesse d'écoulement* des gaz est proportionnelle à leur *densité*.

En prenant l'air pour unité, on arrive par ce procédé à connaître la *densité* relative du gaz d'éclairage.

Les Anglais, qui, en tout, apportent toujours l'esprit pratique, ont imaginé pour la recherche de la *densité* du gaz de faire soulever un poids par un petit ballon en baudruche. Le poids d'un volume d'air égal au volume de gaz employé, est calculé à l'aide de tables qui permettent de déterminer de suite le chiffre de la densité relative du gaz d'éclairage.

Ce petit ballon muni de ses accessoires est renfermé, comme vous le voyez, dans une boîte très-portative qui renferme une instruction portant le titre : *The analysis of gas pratical men.*

Avant d'arriver aux différents modes de combustion, il est important de faire connaître l'instrument destiné à mesurer le gaz chez le consommateur.

Cet appareil se nomme *compteur*, parce qu'en effet il marque lui-même, par un cadran, la quantité de gaz auquel il a livré passage.

Vous y remarquerez deux parties principales, l'une *antérieure*, renfermant le syphon, le flotteur, l'arbre communiquant le mouvement aux aiguilles du cadran ; l'autre *postérieure*, formant la cage d'un volant héliçoïde, où le gaz se mesure et s'échappe après s'être mesuré.

L'appareil ne peut fonctionner qu'au moyen d'un *niveau d'eau constant ;* de là plusieurs inconvénients, dont le principal est la gelée en hiver.

En 1841, on a cherché à remplacer le compteur à niveau d'eau, inventé par Clceg, par un compteur appelé *compteur sec*, par opposition avec le premier.

C'est un compteur formé par deux soufflets en cuir et laissant entrer et échapper le gaz au moyen de petites bielles sur des bras articulés. Ces bielles ferment et ouvrent alternativement un tiroir en tout semblable à celui d'une machine à vapeur.

Un des avantages de cet appareil, c'est qu'il donne accès au gaz dans toutes les positions qu'on peut donner au compteur.

Le gaz consommé ainsi marqué à l'aide des instruments que nous venons d'expliquer, examinons les divers modes de *combustion*.

Si une flamme s'élance à travers une fente mince pratiquée sur un petit tube en fonte ou en stéatite, on la voit s'élargir et prendre une forme analogue à celle d'un papillon dont les ailes sont déployées. On nomme, à cause de cela, le bec qui fournit cette flamme, *papillon*.

Lorsque, au lieu d'une fente, on perce dans un petit D en fonte deux trous obliques, mais convergeant vers le centre, on donne au carbone le temps de s'échauffer, et par conséquent la flamme devient plus brillante. On nomme ce bec *manchester*, du nom de la ville où il a été employé pour la première fois.

Enfin, lorsqu'on enveloppe un bec cylindrique percé de trous, d'une cheminée en verre, on le nomme *bec d'Argand*. Si on lui ajoute en dessous un panier en métal ou en porcelaine, on obtient un *bec Bengel* (du nom de l'inventeur). Le courant d'air étant très-accentué par cette dernière combinaison, on a un tirage réglé, et ce bec est reconnu offrir les conditions les meilleures pour la combustion ; c'est ce qui l'a fait adopter, par MM. Dumas et Regnault, comme bec type servant aux expériences.

L'affreux accident qui est venu enlever Emma Livry de la scène de l'Opéra, a fait rechercher les moyens les plus propres à préserver dorénavant nos théâtres d'évènements aussi douloureux. Après divers essais, on est parvenu à organiser d'une façon très-complète des *rampes à flamme renversée*.

Ceci demande quelques explications.

Lorsqu'une flamme brûle, elle dilate l'air qui l'environne et refoule l'air plus dense qui est au-dessus ; celui-ci se précipite à son tour pour remplir le vide qui s'est fait, et c'est la couche successive d'air plus dense qui fait que la flamme monte en brûlant. Si vous prenez une lumière et que vous vouliez la retourner, vous verrez de suite la flamme se retourner et chercher toujours à monter.

On a cependant obtenu une flamme renversée, et c'est au moyen d'un tirage énergique qu'on y est arrivé. Pour provoquer ce tirage, on a chauffé l'extrémité d'une cheminée, de telle sorte qu'il y ait sans cesse appel d'air. C'est donc le courant d'air qui entraîne la flamme en sens inverse.

Jetons maintenant un coup d'œil rapide sur les sous-produits qu'on tire du charbon.

En première ligne, nous trouvons *l'ammoniaque*, qui, mélangée au charbon, produit du *carbonate d'ammoniaque*. Je ne puis entrer ici dans le détail des produits qu'on tire de ce liquide. Je vous signalerai toutefois, en passant, que nous devons surtout à M. Mallet, chimiste des plus distingués de Paris, un appareil à l'aide duquel, en faisant arriver des vapeurs d'ammoniaque concentrée dans un bain d'acide sulfurique, on obtient instantanément une combinaison de ces deux substances qui se dépose à l'état de cristaux blancs, et qu'on nomme *sulfate d'ammoniaque*.

J'arrive maintenant au goudron.

Si l'on fait subir à ce liquide noir, visqueux, une distillation, on obtient d'abord trois produits principaux :

De l'huile légère,

De l'huile lourde,

Du brai ou bitume.

Les huiles tirées du goudron sont de deux natures distinctes, et si l'on remplit une éprouvette d'eau, on les voit se classer l'une au-dessus, l'autre au-dessous de l'eau. — La place qu'elles occupent par rapport à l'eau, les fait désigner sous les noms d'*huile lourde* et d'*huile légère*.

Examinons ces huiles.

On trouve comme premier produit, en traitant les huiles lourdes, c'est-à-dire celles qui bouillent de 150° à 200°, l'acide phénique ; en traitant ces huiles par la soude caustique, on retire du phénate de soude.

Ce phénate de soude, converti en acide phénique, devient, traité par l'acide azotique, de l'acide *picrique*. M. Guinon, teinturier à Lyon, eut le premier l'idée de s'en servir, et vous allez voir sa belle couleur jaune.

C'est, en 1845, Hoffmann qui le premier découvrit la présence de la *benzine* dans les huiles légères.

La benzine pure cristallise à zéro, et il en existe fort peu à l'état pur dans ce qu'on appelle la *benzine Colas*.

Si, maintenant, on traite par l'acide azotique la benzine, on a une nouvelle substance qu'on nomme la *nitro-benzine*. Cette substance s'emploie en très-grande quantité dans la parfumerie sous le nom d'*essence de Mirbane*. En traitant la nitro-benzine par l'acide acétique et la limaille de fer, on produit *l'aniline*.

Maintenant, lorsqu'on soumet l'aniline à certaines actions oxydantes, il se fait des matières colorantes pouvant varier du violet au lilas. Enfin, par un mélange de nitrate de mercure cristallisé avec de l'aniline, on produit la *fuschine,* cette belle couleur rouge, connue généralement sous le nom de *rouge Solférino.*

Mesdames, Messieurs,

L'attention avec laquelle vous avez suivi les démonstrations et expériences que je viens de faire devant vous, me fait espérer que j'ai atteint le but que je me proposais, celui de vous faire entrevoir l'importance d'une industrie qui, grandissant chaque jour, devient, pour l'éclairage des villes et des particuliers, un élément de première nécessité.

COMMUNICATION COMPLÉMENTAIRE

Faite à l'Académie, par M. COZE.

M. Payen, dans la conférence qu'il a faite dernièrement à Paris, sur le gaz d'éclairage, a fait une expérience fort remarquable dont j'ai oublié de parler, lorsque j'ai traité du même sujet à Reims. Cette expérience pouvant donner lieu à plusieurs emplois utiles, j'ai cru qu'il était bon de ne pas la passer sous silence et d'en donner communication à l'Académie.

Pour obtenir l'assainissement définitif des navires gravement contaminés, M. de Lapparent, savant directeur des constructions navales, vient d'imaginer un procédé de carbonisation des parties du navire souillées, procédé qui réunit l'efficacité, la simplicité à l'économie et à la rapidité.

Avec un chalumeau communiquant à un réservoir de gaz d'éclairage, muni d'un régulateur, on lèche la superficie du bois, comme avec une véritable langue de feu. On détermine ainsi à sa surface une chaleur considérable, qui a pour premier effet de chasser l'eau contenue dans les couches superficielles, et de faire passer à l'état sec les parties fermentescibles ; en second lieu , au-dessous de la couche externe, complètement carbonisée, dans l'épaisseur d'un quart ou d'un tiers de millimètre, se trouve une surface torréfiée , c'est-à-dire presque distillée et imprégnée des produits de cette distillation, qui font des matières créosotées et empyreumatiques.

J'ajouterai à cette description que si, dans l'appareil muni d'un soufflet, on introduit un liquide chargé de créosote, comme les huiles lourdes provenant de la distillation du goudron, et qu'on dispose le courant forcé du gaz de telle sorte que, traversant ces huiles lourdes, il arrive au point de la combustion, surchargé de ces hydro-carbures, on obtiendra un effet d'une efficacité double ou triple , suivant la proportion des vapeurs d'huile lourde qu'on aura pu entraîner.

Je fais disposer à l'usine , en ce moment, un appareil qui sera exécuté d'après la dernière donnée que je viens d'indiquer, et dès qu'il sera en mesure de fonctionner, je me ferai un plaisir de le mettre en marche devant ceux de MM. les académiciens que ces essais pourraient intéresser.

Mais , dès à présent, on peut se rendre compte des avantages qu'on retirerait de la découverte de M. de Lapparent, pour l'emploi de tous les bois employés comme pilotis, comme solives de planchers dans les rez-de-chaussée humides, dans les lambris adossés à des murs salpêtrés , etc., etc.

LETTRE

ADRESSÉE A MONSIEUR COZE

Par M. E. GONEL, membre titulaire de l'Académie.

Reims, le 25 Janvier 1865.

MON CHER CONFRÈRE,

Je ne puis résister au désir de vous transmettre un passage qui rentre dans l'historique de la lanterne chinoise.

Le fameux médecin anglais, *Old Nick*, qui a été naturalisé Chinois, qui est devenu mandarin, qui nous a donné sur la Chine les plus utiles documents, a publié un livre intitulé *la Chine ouverte*.

Ce livre a donné à la France et à l'Angleterre l'idée et l'indication des moyens de pénétrer jusqu'à Pékin en suivant l'itinéraire tracé par l'auteur.

Je lis, page 182 :

« Chez aucune nation du monde, jamais meuble n'a obtenu les honneurs que les Chinois prodiguent à la lanterne. Sans parler de la célèbre fête qui porte son nom et qui allume, d'un bout de l'empire à l'autre, deux cent millions de ces lampes suspendues, il n'est pas de cérémonie publique, pas de réjouissance privée où elle ne joue un rôle important.

» On en fait de toute espèce, pour les plus pauvres et pour les plus riches, en corne, en soie, en verre, en papier, et quelquefois même en vernis déposé sur un filet de coton.

» J'en ai vu d'énormes, qui mesuraient 27 pieds de diamètre et dans lesquelles on aurait pu donner une petite soirée. Plus ordinairement, elles ont environ deux pieds de large sur trois ou quatre de hauteur et affectent la forme hexagone. Leurs montants sculptés, les rubans et cordons de soie, les glands multicolores qui pendent de tous côtés, rehaussent les peintures jetées à profusion sur les tissus transparents qui les enveloppent, etc., etc., etc.

» L'espèce de mariage que contracte volontiers un Chinois avec sa lanterne, — pareil à l'amour d'un bourgeois anglais pour son parapluie, — n'a peut-être jamais été si bien caractérisé que par un incident du passage de la Bogue.

» Lorsque le capitaine Maxwell essaya de passer la nuit sous les batteries d'Annahoy, cette forteresse s'illumina tout-à-coup, et plusieurs décharges d'artillerie, assez bien dirigées, commençaient à faire quelques dégâts sur le pont de *l'Alceste*. Mais, dès que celui-ci eut riposté, — à demi-portée de fusil, — par une bordée vigoureuse, toutes les embrasures du fort s'éteignirent à la fois, et ses braves défenseurs se hâtèrent de quitter un poste devenu si périlleux.

» Dans la précipitation du sauve-qui-peut général, pas un soldat n'oublia pourtant sa lanterne, et les marins anglais jouirent d'un spectacle vraiment unique : celui qu'offraient tous ces guerriers à tête rase, grimpant au galop, et la queue au vent, les pentes voisines, comme autant de vers-luisants effarouchés ; chacun avait au bout de sa pique un ballon lumineux, et présentait ainsi un but assuré à la fusillade ennemie. Il est vrai que, par compensation, nos soldats riaient trop fort pour viser juste. »

LETTRE

SUR

L'ÉCLAIRAGE PUBLIC PAR LES LANTERNES

A REIMS

Par M. le docteur MALDAN, membre de l'Académie.

A MONSIEUR COZE

Membre de l'Académie, directeur de la Compagnie du Gaz
de Reims.

MONSIEUR ET HONORÉ CONFRÈRE,

Si vous croyez devoir enluminer d'un peu de couleur locale votre excellent travail sur l'éclairage, voici quelques documents que je puis mettre à votre disposition.

L'air, la lumière, le sol, l'eau étant du domaine de l'hygiène, ces matériaux ont été rassemblés pour figurer dans une histoire de la médecine à Reims. Ils rentrent plus directement encore dans votre sujet.

L'éclairage primitif fut, à Reims, du XIVe siècle à la fin du XVIIe siècle, ce que vous avez dit qu'il était ailleurs.

En temps ordinaire, on comptait sur les lampes du firmament, et en cas d'incendie ou d'alarme nocturne, un ban du bailli, de temps en temps renouvelé par les rues et carrefours, prescrivait à chaque habitant d'éclairer avec une chandelle une fenêtre du devant de sa maison.

Tout-à-coup, en 1697, au mois de Juin, un édit de Louis XIV ordonne l'établissement de lanternes dans toutes les bonnes villes de province, à l'instar de celles qui faisaient alors un si merveilleux effet dans Paris.

Vous nous avez indiqué la substance de cet édit : la collection d'Isambert en contient seulement le corps ; mais nous l'avons retrouvé au cartulaire dans son entier, et avec tout son dispositif exécutoire.

« Marly, Juin 1697.

» Louis, etc., etc., etc.

» De tous les établissemens qui ont été faits dans notre bonne ville de Paris, il n'y en a aucun dont l'utilité soit plus sensible et mieux reconnue que de celui des lanternes qui éclairent toutes les rues, et comme nous ne nous croyons pas moins obligez de pourvoir à la sécurité et à la commodité des autres villes de notre royaume, qu'à celle de la capitale, nous avons résolu d'y faire le même établissement, et de leur fournir les moyens de le soutenir à perpétuité.

» À ces causes, etc..... »

Les articles réglementaires qui suivent donnent

bien, en effet, à la pensée royale un caractère de durée et d'irrévocabilité.

Ils déterminent, dans tous leurs détails, la construction, la forme des lanternes, leur distance à 6 toises l'une de l'autre, le poids, la quantité des chandelles, la durée de l'éclairage depuis le 20 Octobre jusqu'au dernier Mars, l'inspection attribuée aux maires et échevins des villes, leur juridiction privativement à tous autres juges. Ainsi :

« ... Lesdits maires et échevins nommeront annuellement, ainsi qu'il se pratique en la ville de Paris, le nombre d'habitans qu'ils trouveront convenables pour allumer les lanternes, chacun dans son quartier, aux heures réglées, et un commis surnuméraire dans chaque quartier, pour avertir de l'heure ; et en cas qu'aucun des dits commis refuseroit d'accepter ladite charge, il pourra y être contraint. »

Citons particulièrement encore, pour l'intelligence de l'histoire que nous avons à raconter, le règlement de la question financière :

« Et afin que rien, à l'avenir, ne puisse troubler ou changer l'ordre du présent établissement, et que les fonds de la dépense qu'il y conviendra faire soient assurés et certains à perpétuité, voulons et ordonnons qu'ils soient annuellement employez dans les estats de nos finances et domaines suivant les procès-verbaux de nos sous-intendans, même pour les villes où cet établissement est déjà fait, et où il pourroit par la succession des temps s'abolir ou se relâcher, s'il n'y étoit par nous pourvu ; et pour nous dédommager de la dépense annuelle et perpétuelle à laquelle nous nous engageons, voulons et ordonnons que les propriétaires des maisons des dites villes

soient tenus de se racheter du fonds employé dans
nos dits états à raison du denier vingt, et des deux
sols pour livre des sommes à quoi se monteront les
dits rachapts, à l'effet de quoi sera incessamment
procédé, par lesdits sous-intendans, avec les maires
et eschevins, à un état de répartition au marc la
livre de la valeur des dites maisons, suivant les baux
à ferme, à loyer, ou judiciaires d'icelles, ou à
proportion celles occupées par les propriétaires ;
lequel état sera envoyé en notre conseil au plus tard
un mois après la publication du présent édit, pour
sur iceluy être fait et arrêté le rôle des sommes que
chaque contribuable devra payer pour se racheter
de sa quote-part dudit fonds, sans qu'aucunes personnes, de quelle condition et qualitez que ce soit,
ecclésiastiques, bénéficiers, tant pour les maisons
dépendantes de leurs bénéfices que pour celles qui
leur appartiennent en propre, communautés sécu-
lières et régulières, même les fabriques des églises,
officiers de nos maisons, et autres exempts et non
exempts, puissent s'en dispenser.

» Les rôles desdites sommes seront exécutoires
par privilége à toute créance hypothéquée sur lesdites
maisons, même aux rentes seigneuriales et foncières,
sur les loyers, baux à ferme ou judiciaires desdites
maisons et meubles les garnissans.

» Et au moyen de ce que dessus, voulons que les
sommes dont nous ferons annuellement faire les
fonds dans nos états des finances et domaines pour
la fourniture et entretien desdites lanternes, soient
réputées propres et patrimoniales des villes, sans qu'à
l'avenir on ne puisse retrancher, diminuer, ou

employer à aucun autre usage pour quelque cause que ce soit ou puisse être. »

Telles sont les principales dispositions de cet édit, celles surtout qu'il nous importe maintenant de connaître.

Le 8 Juillet 1697, le conseil de ville de Reims étant assemblé en son hôtel, « M. le lieutenant a représenté à la compagnie qu'il a un ordre de Monseigneur l'intendant de faire toiser toutes les rues de la ville, à l'exception de celles qui ne sont point percées et des faubourgs, et qu'il croit que c'est pour parvenir à l'établissement des lanternes, suivant l'édit du mois de Juin dernier, pourquoi il est à propos de nommer des personnes de la compagnie, pour faire ledit toisement avec des ouvriers.

» En conséquence, la compagnie nomme dans son sein plusieurs de Messieurs qui, se relevant les uns les autres, doivent commencer ce travail dès le matin du mercredi 10 présent mois, et le terminer le 12, et qui en dresseront mémoire. »

M. le lieutenant ne se trompait pas, car le 26 Juillet, un acte de sergent royal signifiait l'édit de Juin à la ville, à la requête du sieur Jean-Baptiste Hardellier, bourgeois de Paris, chargé par arrêt du conseil du roi de l'établissement des lanternes et du recouvrement de la finance.

Le 17 Août, toujours même année, au conseil de ville, Monsieur le lieutenant représente qu'il a reçu un paquet de Monseigneur l'intendant de la généralité qui siége, vous le savez, à Châlons, paquet adressé à la compagnie, et dont il est à propos de faire l'ouverture. L'ouverture en est faite par le secrétaire du conseil, et lecture donnée de la lettre contenue, par laquelle mon dit seigneur mande « que le roi, ayant jugé qu'il suffisoit de 500 lanternes pour éclairer les rues de la ville, au lieu de 1556 portées dans le toisé désdites rues, Sa Majesté lui a donné ses ordres de passer sur ce pied les marchés de la fourniture des chandelles et de l'entretien de ces 500 lanternes. Pourquoi ledit sieur intendant ordonne à la compagnie de faire publier incessamment cette entreprise, de recevoir les offres de rabais, et de lui en envoyer le procès-verbal vendredi prochain, 23 de ce mois, par deux députés, dont il est bon que le sieur Levesque, son subdélégué, soit l'un ; qu'il fera sur ce procès-verbal l'adjudication de cette fourniture, et qu'il verra avec les députés ce qu'il y aura à faire pour la répartition du rachat de la finance sur toutes les maisons de la ville, et pour les visites et estimations qu'il y aura à faire pour y parvenir ; qu'il faut aussi lui envoyer ceux ou celui des particuliers de cette ville qui auront fait les derniers rabais pour la soumission des chandelles et entretien des lanternes, afin qu'ils en signent l'adjudication qu'il leur en fera. »

Le conseil de ville ne paraît que médiocrement goûter cette communication. Il n'éprouvait nullement le besoin de cette nouveauté, et bien moins encore celui de l'impôt sur les maisons qui doit en être la conséquence.

Toutefois, un espoir leur luit. — Peut-être l'édit de l'établissement des lanternes n'est-il qu'un édit comminatoire, qu'une de ces mille mesures fiscales que l'on prend pour remplir les coffres toujours vides de la royauté, en vendant ensuite aux intéressés leur retrait à beaux et bons deniers comptants.

Deux des assesseurs, les sieurs Levesque et Nicolas Hachette, seront donc incessamment députés à Monseigneur l'intendant. Ils lui représenteront d'abord l'inutilité pour la ville de Reims d'une si grande dépense, l'impossibilité en laquelle sont les bourgeois qui possèdent les maisons de faire le rachat du fond de ladite dépense ; puis ils insinueront que, s'il plaisait à Sa Majesté de vouloir bien les en dispenser, ils lui offriraient volontiers une somme, dont le chiffre est laissé en blanc, mais que les instructions particulières recommandent aux députés de concéder la plus minime possible ; et pour la levée de la taxe, il sera aussi avisé, avec mon dit seigneur l'intendant, aux moyens les plus convenables et les moins à charge *au peuple.*

Il n'est pas sans intérêt de vous faire connaître, Monsieur, quelle était, à cette époque, la composition du conseil de ville et de l'échevinage à Reims.

A la tête du conseil était le lieutenant des habitants, M. Louis de la Salle, écuyer, conseiller secrétaire du roi, maison et couronne de France et de ses finances. Venaient ensuite de droit trois membres du clergé : M. Roland, grand-vicaire, au nom de l'archevêque ; M. de Tristan, seigneur de Muizon, chanoine et sénéchal ; M. Nolin, également chanoine et sénéchal, tous deux au nom du chapitre ; puis dix-huit conseillers élus. C'étaient alors Jean Levesque, seigneur de Vandières, ancien lieutenant des habitants ; Jacques Mopinot, Abraham Rogier, Nicolas Hachette, Simon Callou, Me Jacques d'Aoust, conseiller du roi, assesseur de M. le lieutenant ; Me Nicolas Frizon, conseiller du roi, assesseur de M. le lieutenant ; Me Jacques Hibert, conseiller du roi, assesseur de M. le lieutenant ; Me Adam Regnault, conseiller du roi, assesseur de M. le lieutenant ; M. Jean Maillefer, Me Philippe Dorigny, Me Christophe Duboys, Me Nicaise Maillefer, conseiller au présidial ; M. Henri Maillefer, M. François de la Motte, M. Antoine Hachette, Me Adam Blanchon, seigneur d'Arzillier, conseiller au présidial, Me Thierry Regnault, conseiller du roi, assesseur de M. le lieutenant. Enfin Me Nicolas Noiron, procureur syndic du roi et de la ville, présent de droit.

La réunion de ces noms honorables est une suffisante garantie pour la ville ; mais le conseil pressent qu'une question grave va s'engager, et veut se fortifier en s'appuyant sur l'avis des citoyens.

Une convocation est adressée le 20 Août à 113 notables habitants. J'y vois figurer de nouveaux membres du clergé : Me Barrois, doyen du chapitre ; Me Moet, chanoine ; notre Maucroix, chanoine, tous deux anciens sénéchaux du chapitre ; Me Lempereur, grand-vicaire de l'abbaye de Saint-Remi ; Me Blanchon, grand-vicaire de celle de Saint-Denis ; M. Andry, doyen de Saint-Symphorien ; M. Lespicier, doyen de Saint-Timothée ; M. le doyen de Saint-Maurice ; Cloquet, curé de Saint-Pierre ; Riaulx, chanoine de Sainte-Balsamie ; quatre anciens lieutenants des habitants : MM. Claude Coquebert, Jean Amé, Lancelot-Favart, Louis Roland ; les 9 capitaines des 9 compagnies de la milice bourgeoise, des connestables, des nobles, des conseillers au présidial, M. le lieutenant criminel, des médecins, des bourgeois de toute sorte, les deux Paul et Claude Clicquot, qualifiés d'anciens habitants ; M. Lespagnol, élu, etc., etc. Le 20 Août, ils se réunissent au conseil en assemblée générale, sous la présidence de M. le lieutenant, au nombre de 66.

On délibère, on vote tour-à-tour, par ordre et avec appel nominal. — Chaque vote est successivement, et par mesure exceptionnelle, inscrit au registre, en regard du nom de celui qui l'émet, et c'est ainsi que tous nous sont parvenus.

Les conclusions de cette première délibération sont générales et vagues comme la situation l'est encore elle-même. Cependant on y voit déjà se dessiner les sentiments et les intentions futures de la majorité bourgeoise.

Comme résolution générale, le clergé ouvre l'avis d'advertir Monseigneur l'archevêque, qui est en ce moment à Versailles, et de nommer cinq ou six personnes pour adviser aux offres et moyens. Il évite de se prononcer encore sur la quotité de ces offres, aussi bien que sur la nature de la taxe à établir. Cinquante-sept membres se rangent à cette idée, treize y ajoutent celle de députer en même temps à la cour et au conseil du roi.

Quant aux offres à faire, douze des laïcs concluent à des offres simples; quatre d'entre eux (ce sont les gens pratiques, les prudents, ceux qui connaissent de longue main le pouvoir et ses allures,) Levesque, Souyn, un Dorigny, un Clicquot, concluent à offrir de suite 60,000 livres; le reste s'abstient sur cette question.

Relativement aux voies et moyens, qui ne sont point encore en discussion, dix-sept (ce sont les ardents) demandent incidemment à leur opinion que l'impôt à établir soit mis sur les farines, et non sur les maisons; huit (ce sont les modérés, en petit nombre) ne veulent point l'impôt des farines.

On conclut à la pluralité des voix qu'il sera écrit à Monseigneur l'archevêque, pour lui demander sa protection, avant de faire des offres pour être déchargé, et, cependant, en attendant cette réponse, « qu'il sera nommé huit ou neuf personnes pour aviser aux moyens les plus propres et les moins à charge au peuple pour lever la somme qu'il conviendra d'offrir afin d'obtenir ladite décharge, et enfin que M. le lieutenant et Me Noiron, procureur du roi et de la ville, seront députés vers Monseigneur l'intendant, pour le supplier d'accorder à la ville une huitaine pour aviser quelles offres on lui fera pour être déchargé de l'établissement des lanternes. »

Le 30 Août, M. le lieutenant communique au conseil ordinaire des nouvelles plus ou moins favorables. Il a reçu une lettre de Monseigneur l'intendant par laquelle celui-ci lui mande « qu'il est bien aise que Monseigneur l'archevêque veuille bien interposer son crédit pour la ville, pour tâcher d'accommoder l'affaire concernant l'édit des lanternes, mais qu'il est à propos de lui faire les offres dont on est convenu, afin d'être en état de répondre à Monseigneur le contrôleur général, lorsqu'il demandera quelles offres la ville fait. »

M. Roland, grand-vicaire de Monseigneur l'archevêque, a aussi mis aux mains du lieutenant une lettre de M. de Caumartin à l'archevêque, dans laquelle il lui mande que mon dit sieur l'intendant « n'a aucun ordre de Monseigneur de Ponchartrain de faire aucune proposition aux habitants de la ville de Reims pour la suppression de l'édit des lanternes. .... Monseigneur de Pontchartrain n'a voulu entendre à aucune proposition, et quand on a voulu parler de la ville de Reims, il a répondu que quand on écouterait la ville pour un abonnement, il ne lui en coûterait pas moins, et qu'elle perdrait l'utilité d'être éclairée. »

La compagnie se sent serrée de près. Elle incline à essayer une résistance indirecte. — On conclut que les offres sérieuses faites à Monseigneur l'intendant seront retirées , qu'il ne lui en sera point fait d'officielles, mais que M. le lieutenant prendra la peine de lui écrire que ladite lettre de M. de Caumartin met la ville hors d'état de lui en faire aucune ; qu'il sera aussi écrit à Monseigneur l'archevêque pour le remercier des peines qu'il s'est données, et le prier de vouloir bien continuer ses bonnes volontés.

Pour appuyer sa résolution sur celle de l'assemblée générale, le conseil la réunit dès le lendemain 31 Août. Trente-six membres seulement sont présents. Le clergé, absent pour je ne sais quelle raison, n'y est représenté que par M. Andry, doyen, qui conclut à différer. — Vingt membres laïcs opinent pour qu'il ne soit point fait d'offres; six veulent qu'on offre 60,000 livres; cinq proposent 50,000 livres ; trois, 40,000 livres.

On conclut à la pluralité des voix « qu'il ne sera point fait d'offres. — Monsieur le lieutenant écrira directement à Monseigneur l'intendant que la ville ne peut et ne veut en faire, que ses habitants ne peuvent offrir au roi que leur misère et leur impuissance. »

En même temps, le 4 Septembre, pour paraître

obéir aux ordres de Monseigneur l'intendant, on fait un semblant d'adjudication.—On procède aux publications au rabais de l'entretien des 500 lanternes en cette ville, et à la fourniture des chandelles. —Il ne se trouve personne qui ait voulu les mettre à prix. — C'était convenu d'avance. — On en dresse procès-verbal, et on l'envoie à Châlons par une nouvelle députation. — « Messieurs les députés diront à Monseigneur l'intendant que Monseigneur l'archevêque a écrit à M. Roland, son grand-vicaire, au sujet des lanternes, et lui a dit que c'est une affaire à examiner avec Monseigneur l'intendant. » — Ils sont, en outre et surtout, chargés d'insister sur la pauvreté de la ville, sur l'impossibilité de faire des offres telles qu'il les souhaite, pour obtenir la suppression de l'édit qu'on semble espérer toujours.

Mais, le 9 Septembre, il arrive de Châlons de fâcheuses nouvelles. — Monseigneur l'intendant a pris l'affaire au sérieux. Il a dit à nos députés que, si la ville ne faisait incessamment des offres de 60,000 livres, plus les deux sols pour livre, il ferait lui-même la publication de l'adjudication des lanternes en la ville de Châlons, et l'envoyerait au contrôleur général, pour faire taxer la taxe du rachat, et qu'ensuite (et c'est là ce que nos bourgeois redoutaient le plus) il ferait procéder à l'estimation des maisons et au rôle de ce que leurs propriétaires en devraient porter.

A ces lamentables nouvelles, à ce chiffre de 60,000 livres et les 2 sols pour livre, le conseil, en assemblée générale de 47 membres, se récrie.—Une pareille somme est introuvable et hors de proportion avec les ressources présentes de la ville. Il est vrai que

la pauvre ville est en ce moment traquée par le fisc;
car en même temps il lui réclame encore 2,200
livres pour droit de garde-sceau à la ville, et 120,000
livres pour union du droit de jaugeage, rapportant
à peine 4,000 livres annuelles, au courtage, tous
expédients inventés par le trésor aux abois ; à ce
sujet même, les revenus publics de la ville ont été
saisis à la requête d'un partisan, les services publics
sont empêchés et dans la confusion.—Ainsi acculée et
pressée, la ville se retourne enfin, fait face à l'assail-
lant, et tente une résistance directe. — Le clergé
prend la tête de l'opposition.

M. Roland, grand vicaire,   point d'offres.
MM. les chanoines De Muizon,   id.
—   Nolin,   id.
—   Lempereur,   id.
—   Maucroix,   id.
—   Blanchon,   id.
—   Moët,   id.
—   Lespicier,   id.

Ils rallient 25 voix sur les 47. — Des autres laïcs,
9 proposent d'offrir 60,000 livres ; 7, de 45,000 à
40,000 ; un, 25,000 livres; 2, 4,000 seulement. —
11, toujours incidemment, demandent qu'on réta-
blisse les farines.

En fait, il est conclu qu'il sera écrit à Monseigneur l'intendant que la ville, à cause de sa grande
misère, n'est pas en état d'offrir les 60,000 livres et 2
sols par livre qu'il demande.

Mais l'effet suit de près la menace. — Le 24 Septembre, Monsieur le lieutenant apprend à la réunion
générale, assemblée au nombre de 44 présents, que
Monseigneur l'intendant, Michel Larcher, chevalier,

conseiller du roi en ses conseils, maître des requêtes ordinaire, commissaire départi pour l'exécution des ordres de Sa Majesté en la province de Champagne, est arrivé ce matin même à Reims, qu'il a publié aussitôt en son hostel l'entretenement au rabais des 500 lanternes, qu'il a trouvé soumission à 12 sols la livre de chandelle (prix, je vous le dis en passant, excessif pour cette époque); qu'à 4 heures de relevée, le même jour, si la ville n'a fait offre des 60,000 livres et des 2 sols par livre, il confirmera l'adjudication, qu'il forcera les habitants de lui livrer incessamment et d'entretenir les poteaux, poulies, crochets et autres ustensiles nécessaires, et de donner un état de l'estimation de leurs maisons, afin de faire faire la taxe pour le rachat du fonds de la dépense.

Le conseil consterné gémit et ne change pourtant rien à ses résolutions.—Les 9 membres du clergé concluent toujours : « Point d'offres et laisser faire l'adjudication. » L'émotion, l'irritation même sont à leur comble dans le conseil. — 26 voix se rallient à leur opinion. — 16 concluent à des offres de 60, 50, 45, 30 et 20,000 livres. — On convient, en finissant, de s'abstenir, on se drape dans une résignation désespérée, et on se sépare après avoir arrêté, à la pluralité des voix, qu'il ne sera point fait d'offres audit seigneur intendant, attendu que les habitants sont tellement épuisés et dans une telle pauvreté, qu'il est impossible de trouver aucun fonds pour ce sujet, et qu'on laissera faire passivement l'adjudication.

Toutefois, la nuit porte conseil. — Le lendemain 25 Septembre, il se tient une seconde réunion générale, où sont mandés de nouveaux notables habitants, tant ecclésiastiques que laïcs. — Ils sont au nombre de 57. — La séance s'ouvre grave et solennelle. — Le procès-verbal de présence relate d'une manière insolite, à côté de chaque nom, les titres et qualités de celui qui le porte. — On sent qu'il s'agit d'une résistance extrême et désespérée. M. le lieutenant rappelle les menaces de Monseigneur l'intendant et leur instante exécution, « et d'autant que ces sortes d'affaires tendent à donner beaucoup de peines et d'embarras à tous les habitants, qui sont à la veille d'être exposés aux rigoureuses poursuites des partisans ; joiht l'impossibilité qui se trouve de lever sur les maisons, ni sur les habitants. les fonds nécessaires pour acquitter lesdites taxes, qui se monteront à des sommes excessives ; pourquoi il convient d'aviser si on pourra trouver quelques moyens pour éviter les poursuites dont lesdits habitants sont menacés. »

On procède à la discussion, puis à l'appel de vote nominal. — Le courant est plus pacifique, les idées conciliantes prévalent, forcément peut-être. — Les hommes de paix, les 11 ecclésiastiques, M. Roland en tête, se décident à proposer l'offre de 40,000 livres. — Ils diffèrent, avec la prudence caractéristique du clergé, de conclure sur les voies et moyens de les lever, et renvoient à ceux qui ont été nommés pour aviser à une solution. — 31 voix appuient l'offre de 40,000 livres, — 1, celle de 45,000, — et 25 voix, celle de 50,000 livres.

Quant aux voies et moyens, 42 voix laïques veulent qu'on établisse les farines, 2 qu'on mette l'impôt sur les vins étrangers et sur les farines, une seule sur le bois et courtage.

« Conclu donc a été que, pour prévenir et éviter les

inconvénients et suites fascheuses qui pourront arriver de l'établissement desdites lanternes en cette ville, il sera présenté requeste au roi, afin d'estre déchargé de l'exécution de l'édit portant le dit establissement, » dont on espère encore, quoique faiblement, le retrait, sous les offres qui seront faites de payer à Sa Majesté la somme de 40,000 livres et les 2 sols pour livre, mais sous permission bien importante, et qu'il s'agit avant tout d'obtenir : c'est que, « pour parvenir au paiement et rachat de ce capital par l'impôt, la taxe, au lieu d'être établie sur les propriétés, sur les maisons, sera un impôt de consommation ; qu'un droit sera remis, comme il estoit ci-devant imposé, sur les farines et sur le méteil à l'entrée de ladite ville de Reims et de ses faubourgs, pendant tout le temps nécessaire pour le recouvrement. »

Telle fut l'issue de trois conseils ordinaires et de cinq assemblées générales des notables habitants ; les registres témoignent de l'importance qu'on leur accorda, par ces longs et inusités détails des listes de présence, des votes par tête, si minutieusement consignés, comme je ne le vois guère pratiquer auparavant, comme je ne le vois plus pratiquer depuis.

C'est qu'il s'agissait, au fond, de quelque chose de plus que d'une simple question d'éclairage. Vous ne vous attendiez pas, sans doute, à voir cette question des lanternes s'élever à la hauteur d'un petit drame domestique, à celui d'une lutte inégale entre un faible échevinage et la plus puissante des royautés, lutte qui devait être le dernier soupir de notre liberté municipale.

Mais tout n'est pas fini. — Le 21 Octobre suivant, après moins d'un mois de réflexion, les agents du pouvoir souverain font signifier au conseil sa suprême volonté et l'ultimatum royal.

La ville devra payer, non pas les 40,000 livres et 2 sols pour livre qu'elle a offerts ; non pas les 60,000 livres et 2 sols pour livre qui lui ont été demandés; mais une somme de 81,675 livres, se décomposant en 74,250 livres de principal, et 7,425 livres des 2 sols pour livre. — Cette somme résulte de l'adjudication définitivement faite par M. l'intendant, et se montant à 3,712 livres, savoir celle de l'entretien des lanternes adjugée pour 125 livres, au sieur Pierre Monneuze, vitrier, et celle de la fourniture des chandelles adjugée au sieur Rivart, à raison de 7 sols la livre, formant la somme totale de 3,587 livres 10 sols, desquels 3,712 livres la ville est obligée, suivant l'édit, de faire le rachat du fond.

Par compensation, si le chiffre exigible du rachat a grossi, l'éclairage sera diminué.—Le roi consent à ce que le nombre des lanternes à poser soit réduit à 250, au lieu de 500. — C'est toujours moitié de gagné sur l'entretien annuel. Il y aura par an 164 jours d'illumination, à partir du 20 Octobre jusques et y compris le dernier de Mars suivant.

Il faut courber la tête, il faut se soumettre au tribut, disons mieux, à l'exaction royale. Mais qui les paiera définitivement, ces 81,675 livres ? — Sur qui faudra-t-il en poursuivre le difficile recouvrement ? Sur les propriétaires de maisons, conformément à l'édit ? Mais on sera obligé de décréter plusieurs d'entre eux. Il en est qui doivent encore le prix de leurs maisons. On causerait la ruine de bien des familles,

Le conseil, entraîné par ces raisons, qui ne sont peut-être pas sans intéresser personnellement quelques-uns de ses membres, est tenace et ne se décourage pas. — Il sera donc « présenté une nouvelle requête au conseil d'Etat du roi, tendante à ce qu'il plaise à Sa Majesté leur faciliter les moyens de lever et former ladite somme, en leur permettant de rétablir sur eux le droit ci-devant imposé de 10 sols sur chacun septier de farine de froment, et 6 sols sur chacun septier farine de méteil entrant dans la ville et les faubourgs de Reims. »

La politique de résistance savamment calculée du conseil, qui est sa tactique habituelle, son arme défensive vis-à-vis des exigences du pouvoir à cette époque, produira au moins son effet de ce côté. On finit par s'accorder. — Nous avons la requête adressée à Sa Majesté. — Elle s'appuie, non pas sur les motifs d'intérêts particuliers, et qui sont les vrais motifs, mais sur des motifs généraux et plus péremptoires d'impuissance; sur le fâcheux état où se trouvait réduite la ville, par suite de la diminution de ses manufactures, et par les mauvaises récoltes de vins des dernières années. « Le roi, en son conseil d'Etat, à la date du 18 Février 1698, ouï le rapport du sieur Phelippeaux de Pontchartrain, contrôleur général des finances, voulant traiter favorablement les habitants de sa ville de Reims, a permis aux suppliants, pour acquitter leur remboursement, de reprendre l'impôt sur les farines ci-devant établi dans la ville et les faubourgs par arrêt du conseil du 13 Décembre 1656, pour payer partie des dettes de la ville contractées dans les troubles de la Fronde, et depuis supprimé par autre arrêt du conseil du 15 Janvier 1689, » lorsque lesdites dettes se sont trouvées acquittées.

La très-grosse part, disons mieux, la totalité des 81,675 livres ira donc au fisc du roi, en retour de la gracieuse permission de s'éclairer qu'il a bien voulu accorder à sa fidèle ville de Reims, et surtout en vertu de l'axiome *quia nominor leo*, par ce que je m'appelle lion. -- Mais Dieu soit loué, et le roi aussi ! Les propriétaires de maisons sont sauvés ! — L'impôt se prélèvera sur les bouches. — Le populaire, qui mange beaucoup, surtout de pain de méteil, et qui a beaucoup d'enfants, tous aussi de grand appétit, paiera beaucoup dans sa quote-part de cet impôt égalitaire et par tête.

Le 12 Mars 1698, dans une adjudication publique devant Monseigneur Michel Larcher, l'acquittement de la somme de 81,000 livres est dévolu à Me François Copillon, notaire royal à Reims, moyennant la concession et jouissance du droit d'octroi sur les fermes pendant quatre années consécutives.

Sa Majesté consent à attribuer, sur les droits régaliens qu'elle perçoit dans la cité, un revenu annuel de la somme de 3,712 livres, intérêt représentatif du principal des 74,250 livres qu'elle s'est octroyées, décime non compris; de laquelle somme les sieurs maire et gens du conseil disposeront comme de leurs autres revenus, mais pour l'entretien spécial et fourniture des dites lanternes.

Le 23 Octobre 1697, on se met enfin à l'œuvre.— Quatre de ces Messieurs sont délégués par le conseil pour faire poser les 250 lanternes adjugées au rabais, et faire fournir, aux dépens de la ville, les poteaux, poulies, clous, crochets et cordages qu'il conviendra, et ordonnent toutes les choses nécessaires.

Pourtant le conseil va faire encore un dernier effort, pour échapper par une voie détournée à la nécessité qu'il n'a pu repousser de front et directement.

La nielle gâta les grains de plusieurs provinces en 1698; les pluies continuelles des mois de Juillet et d'Août en firent germer à Paris beaucoup sur terre. — Quoiqu'il y eût de vieux blés, on les cacha. — Le blé arriva à 30 livres le septier, mesure de Paris. — La ville dut faire de grands achats de grains et les vendre exprès au rabais au peuple, avec une perte définitive de plus de 25,000 livres.

Au contraire, l'année 1699 fut presque sans eau. — La Champagne étant un pays sec, où il ne croît point de froment, ce sont les termes d'une conclusion du 4 Septembre 1699, et où la récolte a été si petite cette année, qu'elle ne suffira pas pour les semences, on peut prévoir que les grains seront non-seulement à un prix excessif, mais qu'on n'en pourra avoir pour de l'argent. — La récolte des vins se prépare aussi très-petite.

Une conclusion du 7 Octobre 1699 semble indiquer que ces prévisions se sont réalisées. — « M. le lieutenant a représenté que la misère est toujours très-grande en cette ville, à cause que les grains y sont plus chers qu'en pas une de celles du royaume; pourquoi il y a nécessité très-grande de chercher les moyens d'assister les pauvres pour les empêcher de mourir de faim , particulièrement ceux de l'Hôpital-Général , où la quantité de pauvres est si grande que la maison ne peut plus subsister avec ses propres ressources , et, sans de prompts secours , on sera contraint d'en mettre une partie dehors. — Partant il est bon d'aviser si on demandera à Monseigneur l'intendant la permission d'employer en achats de grains, pour la subsistance des pauvres , la somme destinée pour l'entretien des lanternes et fourniture des chandelles pour l'hiver prochain.

« Sur quoi délibération prise, conclu a esté que Monseigneur l'intendant sera très-humblement supplié de permettre d'employer en achat de grains, pour la nourriture des pauvres, dans leurs pressants besoins, la somme de trois mille tant de livres qui est destinée pour l'entretien des lanternes et fourniture pour l'hiver prochain. »

Vain et dernier effort. — Nous ne voyons pas qu'il ait été répondu, ni fait droit à cette demande; et, du reste, de sages précautions des magistrats, des permis de circulation des grains entre les différentes provinces, firent que, peu de temps après la moisson finie, l'abondance et le bon marché des grains furent rétablis en tous lieux, et huit années d'heureuses et abondantes récoltes qui suivirent cette disette, ôtèrent tout argument de cette nature à notre échevinage.

Maintenant, jusqu'aux 23 et 25 Octobre 1700, je ne rencontre, au sujet des lanternes, qu'une contestation, un de ces conflits d'autorité et de prérogative habituels entre Mgr l'archevêque, seigneur de Reims, et les échevins, vassaux peu soumis. — Un édit du

roi, d'Octobre 1697, a créé, à titre d'office, hérédi-
taire, un conseiller de Sa Majesté lieutenant général dans chacune des villes et lieux de son royaume
où il y a parlement, cour des aides, chambre des
comptes, siége présidial, bailliage et juridiction
royale. — Entre ses nombreuses attributions est celle
de l'entretenement des lanternes. En exécution de
cet édit, et contrairement à celui d'Octobre 1697,
l'archevêque de Reims, Charles-Maurice Le Tellier,
prétend que l'adjudication et l'entretien des lanternes
concernent, non les échevins, mais son propre bailli,
qui est en même temps son lieutenant général de
police à Reims. — Un arrêt du conseil d'Etat du 31
Mai 1701 maintient et garde les officiers de justice
du duché-pairie de Reims dans le droit et la posses-
sion d'en connaître, et fait défense aux gens de la
ville de les y troubler.

Mais un compromis officieux établi d'abord entre
les deux parties, et destiné à réserver, jusqu'à décision du parlement, leurs droits respectifs, aboutit,
en 1702, à une transaction dont l'acte est passé le 8
Novembre devant les notaires Herbin et Dallier. Elle
est signée, du côté des habitants, par François Noblet,
conseiller du roi au présidial, maire de la ville
de Reims, et par Me Hubert de Perthes, procureur
du roi et de la ville, après qu'ils se sont retirés au-
près de l'archevêque pour le supplier de consommer
et de souscrire le traité. Le prélat, voulant continuer de donner auxdits sieurs maire et gens du
conseil les marques de l'affection dont il les a toujours honorés, veut bien accorder à la transaction
son acquiescement et sa signature.

Désormais, les adjudications pour l'entretien des

250 lanternes se feront *de par* Monseigneur l'archevêque duc de Reims, premier pair de France, et Monsieur son bailli, lieutenant général de police, en l'auditoire du bailliage de l'archevêché. Il sera loisible pourtant au procureur du roi et de la ville, averti à cette fin par un sergent de police, d'être présent à l'adjudication et au compte de l'entretenement, sans, toutefois, que son absence puisse rien arrêter ou retarder.

Mais le revenu annuel des 3712 livres attribuées par le roi restera à la disposition des échevins, qui continueront à acquitter sur icelle somme, jusqu'à concurrence de tout ou de partie, les charges de l'adjudication.

On cède l'honneur, on retient l'argent.

La transaction est homologuée au parlement le 16 Décembre, imprimée une première fois en une plaquette de 12 pages in-18 chez Nicolas Pottier, imprimeur ordinaire de Mgr l'archevêque, rue St-Etienne, à l'enseigne du *Lion*, puis réimprimée une seconde fois, en 1746, même format, avec quelques retranchements, chez Multeau.

Une première adjudication avait eu lieu déjà devant les échevins, et après concurrence entre Nicolas Faciot, Gérard Mothé et Pierre Tarte, marchand, était restée à ce dernier, moyennant 40 livres le cent de livres pesant de chandelles.

Pendant le conflit d'attribution, pour ne pas nuire au service public, une seconde adjudication avait été faite de commun accord, à la fois par les échevins, à la fois par le bailli, au nommé Delaistre.

A l'avenir, les adjudications seront triennales. L'éclairage doit commencer réglementairement au

20 Octobre, mais il ne commence jamais en réalité qu'au 1er Novembre, à la Toussaint. Chaque année, au 1er Avril, on rentre à l'hôtel-de-ville, dans la salle du musée actuel, tout le matériel d'éclairage, pour être repris l'année suivante par l'ancien ou le nouvel entrepreneur, et entretenu par lui à ses risques et périls.

Les lanternes peuvent maintenant fonctionner sans conteste, et fonctionnent en effet, mais assez mal, à ce qu'il paraît, jusqu'au 24 Septembre 1703. — Leur première construction est imparfaite. Elles ressemblaient à celles de la ville de Paris, c'est-à-dire à celles des chiffonniers de nos jours, et se composaient d'une boîte en carreaux de vitre, au milieu de laquelle brûlait une chandelle. — Le service n'en est pas organisé. — Elles sont surtout manœuvrées par des mains mal habiles ou mal complaisantes. — Ce jour-là, M. le lieutenant représente au conseil que, « pour la plus grande utilité publique, il serait à propos, dans l'adjudication prochaine, d'insérer que les adjudicataires fermeront l'ouverture du dessous, par laquelle on introduit la chandelle dans la lanterne, et que la fermeture se fera par une feuille de plomb ou de fer-blanc, qui arrêtera l'air qui, dans les grands vents, éteignait la chandelle, ou l'agitait et la consommait. » — On ignorait alors, ou on ne sut pas appliquer, au lieu de cette trappe pleine et qui ôte de la clarté, ces fermetures à parois criblées de trous qui ont la propriété, ce qu'on croirait difficilement, de ne laisser pénétrer dans l'intérieur que les gaz qui se meuvent avec tranquillité. Un vent impétueux n'y arrive que faiblement, et elles laissent passer la lumière.

M. le lieutenant ajoute « qu'il serait à propos de faire l'adjudication pour six années, et de charger les bourgeois de chacun quartier de faire faire des boîtes, pour arrêter les difficultés qui naissent entre eux, pour l'abaissement du *cordeau*, qu'il faudrait aussi faire faire l'essai des chandelles, dont les échantillons seront déposés au greffe de la ville et de la police, pour obliger les adjudicataires à s'y conformer. » — Conclu que les choses seront exécutées ainsi qu'elles sont proposées, et que les bourgeois de chacun quartier seront avertis de faire faire des *boettes*, pour y attacher les cordeaux dans l'intérieur, s'ils veulent se dégager du soin de les faire abaisser, sinon qu'ils seront tenus tour-à-tour de les abaisser en la manière accoutumée. »

La ville, avec ses 250 lanternes, en raison d'une durée de six heures en moyenne par chaque chandelle, obtient 1500 heures de lumière par nuit, ou 240,000 heures pendant les 160 nuits de l'éclairage. La lumière, nous l'avons vu, se projette à cinq ou six toises, à moins de moitié des douze ou quinze toises que donneront plus tard les lanternes à réverbère.

Nous sommes à l'automne de 1707, au 6 Octobre. — Remarquez cette date. — On cueille les raisins. L'année est exquise. Nous voyons, par le journal manuscrit des ventes du bon abbé Godinot, que ce furent ces vins de 1707 qui, vendus par lui 3 livres le flacon, au lieu de 25 sols ou de 1 livre 10 sols, prix ordinaire, établirent sa réputation et la nôtre, et commencèrent l'édifice de cette grande fortune qui, grâce à sa générosité, est devenue aussi celle de la ville. — La récolte est des plus abondantes. — Messieurs les bourgeois propriétaires de maisons et de pressoirs dans Reims, et de vignobles en dehors, ramènent quelquefois en ville bien tard dans la soirée, quelquefois même fort avant dans la nuit, les charges de raisins à pressurer ou le produit de leurs cuvées. Ils commencent à s'apercevoir que la nécessité des vendanges, et l'obscurité des nuits qui commencent de fort bonne heure, causent de grands embarras dans les rues, faute d'être éclairées pendant la nuit. On en réfère au conseil, dont la plupart font partie peut-être. — Le conseil, plein de complaisance, délibère et ordonne « que lesdites lanternes seront posées incessamment, à la diligence de Messieurs préposés aux soins d'icelles, *sauf, fin de l'hiver,* à diminuer *le temps,* pour remplacer la consommation des chandelles qui auront été allumées. »

Décidément, les lanternes ont leur bon côté, même pour les propriétaires de maisons.

Citons à la postérité les noms de ces administrateurs qui surent si bien comprendre les devoirs d'indulgence et de paternité de leur charge. C'étaient MM. Bachelier, Doyen, Nicolas de la Salle, Nicolas Hachette, Adrien Dorigny, Antoine Graillet, seigneur de Beyne et de Monchery, conseiller du roi et son avocat au présidial de Reims, Claude Le Pescheur, Clicquot, Lespagnol, de Mailly, médecin, Regnault, Cocquebert, Hibert et Lequeux, conseiller du roi, le procureur du roi et de la ville présent.

Le 2 Octobre 1726, la ville se berce un instant de l'espérance de recouvrer une somme de 9,180 livres pour partie de fonds fait sur l'état du roi de 1719, pour l'entretien des lanternes de la ville,

somme qui a été effectivement encaissée par le sieur
Gruyn, garde du trésor royal. Le receveur de la
ville est autorisé à en donner quittance au nom
de la ville, ainsi que d'une autre somme de 2,700
livres, portée pour même cause chez de Turmonin,
aussi garde du trésor royal. — Vain espoir, et qui
se réduit à n'être qu'un décevant mirage. Le trésor
royal, véritable Carybde, reçoit bien, mais il ne
rend pas. Tout y entre, rien n'en sort.

Cependant, on se familiarise insensiblement avec
l'éclairage. Le 27 Octobre 1727, MM. Oudinet et
Tronsson, les deux derniers nommés d'entre les
conseillers, sont priés de vouloir bien se charger de
la distribution des chandelles qui se donneront après
le 1er de Novembre. Cette tâche est dorénavant dé-
volue aux deux derniers conseillers, qui prennent
le nom de *commissaires de la colonne des chandelles*.

Cette distribution se faisait encore d'une main avare
et parcimonieuse, si l'on en croit le procès-verbal
de police en date du 5 Novembre 1727, qui se trouve
dans la liasse 4, nº 10, *Archevêché*.

« Sur les plaintes faites que le sieur Davenne,
adjudicataire de l'entretien des lanternes et fourniture de chandelles, negligeoit de faire allumer les
lanternes aux heures prescrites, que les chandelles
n'avoient pas le poids et étoient de mauvaise qualité,
nous, François Hubert, commissaire de police, nous
sommes transporté dans la rue de Mars ; rue Cana,
des Boucheries, le Marché-à-la-Laine, rue d'Oignon,
où nous avons vu que partie des lanternes n'étoient
point allumées, et dans les autres des demyes chandelles ; et au coin de la rue St-Jean, un allumeur
nommé Nicolas Modaine nous a remis deux chan-

delles, lesquelles il prenoit chez la veuve Lefeure, vitrière, qui en avoit encore pour cinq jours. Nous les avons cachetées et enlevées pour être confrontées à l'échantillon déposé au greffe du baillage de police.

« De tout quoi nous avons dressé le présent procès-verbal que ledit Modaine a refusé de signer. »

Suit l'assignation faite à la requête du procureur fiscal au sieur Jean Davenne, maître barbier et perruquier, adjudicataire de l'entretien et fourniture des 250 lanternes qui doivent être allumées pendant le quartier d'hiver de la présente année, de comparaître devant le bailly, pour repondre sur le contenu du susdit procès-verbal et de 6 autres procès-verbaux dressés pour la mesure fait.

Le 6 Décembre 1728, la ville entreprend de se faire fabricante de chandelles. Le sieur Moët, conseiller, s'est rendu adjudicataire pour la ville, pendant les années 1728, 1729 et 1730, par-devant M. le lieutenant général, à raison de 35 livres le cent, et comme il paraît être du bien de la ville, et de la plus grande économie, de faire les chandelles dans l'hôtel-de-ville même, MM. Tronsson et Darzilliers ont été priés de choisir un ouvrier, d'acheter les suifs et coton nécessaires, et même de traiter avec un ouvrier pour le simple entretien et nettoyement annuel desdites lanternes. Le conseil les remercie de leurs soins, et approuve le traité qu'ils ont passé avec la veuve Lefeure, vitrière de la ville. Ils sont convenus de lui payer annuellement 500 livres, tant pour faire allumer les chandelles des lanternes de la ville, que pour entretenir lesdites lanternes bien nettes et en bon et suffisant état, de même que les cordes, poulies et crochets nécessaires. — C'est une première amélioration dans le service.

Le 2 Octobre 1730, on en réalise une seconde.

« Sur ce qui a été représenté par M. le vice-lieutenant que, malgré les soins et attentions que se sont donnés depuis longtemps Messieurs de la colonne des chandelles, le service s'est toujours trouvé mal fait par les allumeurs, puisque souvent, *deux heures après la nuit commencée, les lanternes n'étaient point allumées, ce qui causait souvent des accidents considérables*, à quoi il convenait remédier. En conséquence, M. le procureur syndic est vivement prié de faire un nouveau traité avec la veuve Lefeure ou autres, pour faire allumer les lanternes, à la charge d'avoir toujours dix-huit allumeurs au lieu de neuf, et de les obliger à commencer leur exercice précisément à la fin du jour. » — Un traité est fait le 9 Octobre 1730, avec Pierre Lefeure, marchand vitrier; il s'engage à entretenir les lanternes pendant trois années; fournir le nombre d'allumeurs spécifié ci-dessus pour la somme annuelle de 550 livres.

Le 5 Janvier 1733, 120 livres d'indemnité sont accordées audit sieur Lefeure, pour dommage par cas de force majeure, pour l'estimation de 50 lanternes brisées par des coureurs de nuit.

Le 19 Janvier 1739, 50 autres livres d'indemnité sont attribuées à Joly, entrepreneur des lanternes, à cause de l'orage du 18, qui fut, on le sait, une tempête affreuse, et qui en a brisé un grand nombre.

La stricte économie, comme toujours, préside, vous le voyez, même à ces libéralités.

Le lundi 2 Mai 1740, la ville renonce définitive-

ment à ses essais de fabrication des chandelles. Le
résultat en a sans doute été peu satisfaisant. M. le
lieutenant expose qu'il est à propos de convenir
avec un vitrier, pour la fourniture des lanternes
qui se mettront dans les rues de la ville pour éclairer pendant les saisons ordinaires.

« Messieurs ont unanimement prié MM. Fremyn de
Branscourt et Rogier, conseillers, conjointement
avec M. le syndic, de faire et conclure avec le sieur
Dérodé, marchand vitrier, le marché pour la fourniture des lanternes et ustensiles qui en dépendent,
aux conditions qu'ils trouveront les plus avanta-
geuses. »

En vertu de ce pouvoir, les délégués de la compagnie traitent, le 29 Août 1740, avec le sieur Eustache de Launois, bourgeois de la ville, sous le cautionnement solidaire de Nicolas Dérodé, maître
vitrier, pour fournir et placer les lanternes, cordes,
poulies et crochets nécessaires pour les attacher
dans les rues de cette ville, et ce durant six années consécutives, moyennant la somme de 600
livres pour chacune desdites années, et autres charges
et conditions portées au traité.

La compagnie approuve le susdit marché et ordonne qu'il sera transcrit sur ses registres, et souscrit desdits de Launois et Dérodé, pour y avoir recours
au besoin.

Ce traité est si complet, si exact qu'il a servi depuis de modèle à tous les autres qui l'ont suivi. Il
nous donne une idée parfaite du matériel de l'éclairage de cette époque, ainsi que de la prudence et
des détails dont nos pères de l'échevinage savaient
entourer toutes leurs conventions : il signale déjà

lès progrès de l'éclairage de Reims, qui compte 291
lanternes.

Si ce n'est point une fatigue pour vous, je vais
vous le lire en entier.

CONVENTION

POUR LA FOURNITURE DÉS LANTERNES.

*Marché fait avec le sieur Dérodé, vitrier, pour
fournir et placer des lanternes dans les rues de
la ville. — En suit copie du marché.*

Du Lundi 29 Aoust 1740.

« Au conseil où présidoit M. Adam Hachette, où
assistoient MM. Claude-Félix Hédouin, La Caille,
Léqueux, Dorigny, Le Peschcur, Antoine Hédouin,
Tronsson, de la Salle, Lespagnol, Frémyn de
Branscourt et Rogier ;

» M. le procureur syndic de la ville présent ;

» Sur ce qui a été représenté par M. le lieutenant
que MM. Fremyn de Branscourt et Rogier, conscillers
de cette ville, en conséquence du pouvoir à eux
donné par la compagnie, par conclusion du 2 Mai
1740, conjointement avec M. le syndic, ont fait
marché avec le sieur Eustaehe de Launois, bourgeois de cette ville, sous le cautionnement solidaire
de Nicolas Dérodé, maître vitrier, pour fournir et
placer les lanternes, cordes, poulies et crochets
nécessaires à les attacher dans les rues de cette

ville, pour et durant six années consécutives, moyennant la somme de 600 livres pour chacune desdites années, et autres charges et conditions portées audit traité,

» L'affaire mise en délibération, la compagnie a approuvé le susdit marché, pour être exécuté selon sa forme et teneur, et ordonné qu'il sera transcrit fin des présentes et signé par lesdits de Launois et Dérodé, pour y avoir recours au besoin, et la somme de 600 livres y portée sera payée audit de Launois, ensemble celle de 100 livres, relativement audit marché, par M. le receveur des deniers communaux de cette ville, auquel elle sera allouée dans ses comptes, en reportant expédition des présentes, avec les quittances dudit de Launois, et sera ledit traité transcrit fin des présentes et souscrit desdits de Launois et Dérodé, pour y avoir recours au besoin.

» Nous soussignés, Jacques Fremyn de Branscourt et Jean-François Rogier, conseillers de cette ville de Reims, nommés à l'effet des présentes, de Messieurs les lieutenant, gens du conseil et échevins de ladite ville, par conclusion du 2 Mai 1740, d'une part ;

» Eustache de Launois, bourgeois de Reims, sous le cautionnement solidaire de Nicolas Dérodé, maître vitrier, et moi Nicolas Dérodé, comme caution solidaire dudit de Launois, demeurant à Reims, d'autre part ;

» Avons fait le marché qui suit ; c'est à savoir que nous de Launois et Dérodé, nous nous engageons solidairement d'entretenir tant en plombs que vitres et ferremens, et mettre en place à nos despens,

dans les rues de cette ville, aux endroits ordinaires
ou autres qui nous seront indiqués par MM. les commissaires du conseil de cette ville, les 291 lanternes
appartenantes au corps de ladite ville de Reims, dont
il y en a 150 plus grosses, qui sont de figure octogone, ayant 1 pied 7 pouces et demi de hauteur à
chaque pan de l'octogone mesuré dans son milieu,
4 pouces et demi de largeur ; 54 de même figure
et hauteur, avec moins de circonférence, et 83 aussi
de même figure, moins hautes et moins de circonférence. De chacune d'icelles a été prise une pour
servir d'échantillon, qui demeurera déposé au cartulaire de la ville, et sur chacune d'icelles a été
mise une bande de papier cacheté aux extrémités du
cachet des armes de ladite ville, et du cachet de nous
de Launois et Hérodé, sur laquelle bande de papier
est écrit : « Échantillon de lanternes, » pour servir
au désir du marché fait entre nous soussignés cejour-
d'huy, lesquelles lanternes avec les cordes et poulies, crochets et ustancilles en dépendant, nous
promettons de bien et dûment entretenir, faire
allumer lesdites par dix-huit allumeurs, ou plus
grand nombre, s'il est nécessaire, à nos dépens,
dans le temps et aux heures marquées en ladite adjudication ; qui s'est faite par-devant M. le lieutenant
général de police de cette ville, desquels allumeurs
nous demeurerons garans, mesme des amendes qui
pourront être prononcées, faute d'avoir allumé dans
les temps et aux heures susdites lesdites lanternes, que
nous nous engageons de réparer et bien entretenir,
même de les nétoyer avant de les placer, et les nétoyer encore une autre fois dans le cours de l'hiver,
et ce pour et durant six années consécutives, qui

commenceront au 1er Octobre prochain et finiront
à pareil temps. Lesdites six années révolues, fin
desquelles nous nous engageons solidairement de
rendre et remettre ladite quantité de 291 lanternes,
en bon et suffisant état, sans fracture de verre ni
plomb traversant, et à dire d'experts, le verre de
la meilleure qualité, rendre les cordes et poulies
numérotées, avec étiquette de la rue et de l'endroit
où elles doivent être posées. A été convenu que
lorsqu'il sera nécessaire de rétablir celles desdites
lanternes qui sont des grosseurs inférieures, nous
nous engageons de les rétablir de la même grosseur,
figure et hauteur que les plus grosses mentionnées
ci-dessus, dont sera fait visite fin de chaque année ;
et sera payé 30 sols pour le rétablissement de chacune desdites lanternes; et comme desdites lanternes
trois ont été retirées du nombre cy-dessus, pour
servir d'échantillon, il en sera fait trois autres de
la grosseur la plus forte, pour les remplacer, et
elles seront payées comme neuves auxdits preneurs ;
et attendu que dans le nombre des lanternes actuellement existantes, qui nous ont été mises en main,
il y en a une grande partie de défectueuses, ainsi
que des cordes, poulies et crochets, nous nous
engageons de les réparer, au moyen de la somme
de 100 livres, qui nous sera payée incessamment,
outre le prix du présent marché, lequel est fait
moyennant la somme de 600 livres pour chacune
desdites six années, que nous députés du conseil de
ladite ville, soussignés, promettons de faire payer
audit de Launois, par chacune année, par M. le
receveur des deniers communs de cette ville, ensemble celle de 100 livres cy-dessus, et la somme à

laquelle se montera, par année, le rétablissement desdites lanternes des grosseurs inférieures, sur le modèle des plus grosses.

» Fait double à Reims, le 12 Septembre 1740 ; et ont signé ces présentes, et en la minute, Fremyn de Branscourt, Rogier, Nicolas Dérodé et de Launois. »

Le 14 Juin 1745, Messieurs sont priés de régler avec Dérodé le compte des lanternes et de faire un nouveau marché.

Le 4 Avril 1746, un problème assez difficile est soumis à la sagacité de Messieurs du conseil. MM. les commissaires sont invités à régler la manière dont on éclairera la ville par les lanternes, dans le mois d'Octobre prochain, *tout entier*, jusqu'en Mars inclusivement, sans néanmoins augmenter la dépense ordinaire, c'est-à-dire aux moyens d'éclairer la ville pendant six mois avec l'argent de cinq mois, et d'en conférer avec M. le lieutenant général de police.

« On ne commence, a dit M. le lieutenant des habitants, à allumer les lanternes dans cette ville qu'au 1er Novembre jusqu'au dernier Mars ; on met en tout temps des chandelles d'un quarteron ; si on employoit des chandelles de différents poids, les unes plus légères pour le temps où la lune tarde moins à éclairer, et les autres plus pesantes pour le temps de la plus grande obscurité, sans augmenter la dépense, on trouveroit moyen de les allumer dès le 1er Octobre, temps auquel commencent les vendanges, et continuer jusqu'au 1er Mars et même plus avant, si les défauts de la lune le requéroient. » Le conseil approuve et nomme MM. Bourgogne, Lequeux, Amé de Beaugillet, Frizon de Beaumont et M. le syndic, pour en conférer avec M. Bergeat, lieutenant général de police.

En attendant que l'on s'accorde sur la solution, le 11 Septembre 1747, le conseil conclut qu'il sera posé des bras pour placer des lanternes, une au petit arsenal, proche la Croix-Rouge, une à la Couture, au coin de la rue de Châtivesle , et deux au bourg de Vesle, l'une proche de la maison du sieur Charlot, et l'autre de l'autre côté, attendu que la portée de ces endroits est trop longue, et que les cordes sont trop fatiguées.

Toutes ces mesures sont une ingérence déguisée, un empiètement progressif, par lesquels le conseil entreprend peu à peu sur la police et surveillance de l'éclairage, dont les attributions ont été si malheureusement divisées entre deux pouvoirs protecteurs, celui du bailliage ducal et celui de l'échevinage.

Le lieutenant général de police, qui siège au nom de l'archevêque, ne s'y méprend pas, et résiste de toute la force de son droit, comme le témoigne la sentence suivante, du 29 Octobre 1748, contre l'adjudicataire des lanternes. (*Archevêché*, liasse 2, n° 25).

« Sentence du lieutenant de police qui condamne l'adjudicataire des lanternes de Reims (Pierre Coguë) à se soumettre aux clauses de son adjudication faite le 13 Octobre 1747. Pour avoir le 27 de ce mois négligé de faire allumer lesdites lanternes, ce qui a occasionné une rumeur générale en cette ville, où il y avoit 3 bataillons d'infanterie, et des accidens, ledit adjudicataire est condamné à 30 livres d'amende, et lui est enjoint d'allumer tous les jours.

» Le deffendeur a dit que depuis 14 ou 15 ans
qu'il est adjudicataire, il a toujours cessé d'allumer
le 5ᵉ de la lune, que le 27 de ce mois etoit le
cinq de la lune, et qu'il ne se croyoit pas en
faute, et demande d'etre renvoyé des conclusions
contre lui prises. — Le sieur Benoît, pour le procureur fiscal, replique que la deffense de l'adjudicataire n'est ni vraye ni sincère; qu'il auroit pu dire
avec plus de vérité qu'il n'est qu'un preste-nom
pour couvrir les entreprises que fait l'hotel de ville
sur cette portion essentielle de la police; — que le
sieur Bigot, commissaire de police, s'etant adressé
à un nommé Verte, allumeur du quartier du Marc.
pour savoir pourquoy il n'avoit point allumé les lanternes, il luy auroit repondu que l'allumeur du ban
Saint-Remy ayant été la veille chez le sieur de la
Salle. conseiller de ville, chercher des chandelles,
ledit de la Salle luy en auroit refusé, en disant
qu'on n'allumeroit point, et que les allumeurs luy
ayant representé que nous pourrions le trouver mauvais. ledit sieur de la Salle auroit repondu qu'il
n'avoit que faire de M. le lientenant général de police. Ce qui prouve deux choses, la première. que le
deffendeur ne dit pas la vérité quand il ose avancer
que depuis 14 ans il fait allumer les lanternes. La
deuxième, que le fait qu'il avance qu'il a toujours
cessé d'allumer le cinq de la lune est encore faux,
puisqu'il paroit que les allumeurs se sont présentés
chez le sieur de la Salle, conseiller de ville, pour
allumer le 5 Et, en effect, il n'y a rien de sy opposé
à l'adjudication et au bien public que cette règle
qui laisseroit la ville sans clarté, comme cela est
arrivé ledit jour, où, indépendamment de son obscu-

rité et du mauvais tems qu'il faisoit, la lune étoit levée à midy et couchée à huit heures du soir ; néantmoins, comme l'adjudication est un titre sérieux aux yeux de la justice, que tout ce qu'on fait pour l'éluder ne détruit ny ne diminue les obligations que le deffendeur a contractées, qu'il est l'homme de la justice , et qu'il n'y a qu'à luy qu'elle puisse s'adresser, il persiste en ses conclusions.

» Le deffendeur est condamné à se soumettre aux clauses de l'adjudication , et pour l'avoir négligé , condamné à dix livres d'amende , défenses à luy de récidiver ; lui avons enjoint d'allumer tous les jours au jour tombant, et de ne cesser d'allumer qu'en conséquence de l'ordre de nous. »

Le 20 Janvier 1749, on découvre des fraudes graves de la part des fournisseurs de chandelles. — Celles-ci sont fort défectueuses. Par sa soumission, l'adjudicataire est tenu de les faire et composer de bon suif pur, sans aucun mélange, du poids d'un quarteron chacune, et conformément à l'essai qui en a été fait, dont sera donnée une livre pour échantillon à l'adjudicataire, et une livre déposée au greffe de la police.

« M. le lieutenant expose que MM. les commissaires pour l'achapt et distribution des chandelles avoient lieu d'être très-mécontens de la qualité des chandelles qui leur ont été fournies par l'entrepreneur, pour éclairer les rues de cette ville, qu'ils en avoient rompues plusieurs prises au hasard qu'ils ont mises sur le bureau, à l'inspection desquelles on découvroit, sans même être connaisseur, le mélange des mauvaises matières qu'il y employoit et recouvroit d'un lit de suif, ce qui étoit tromper le public, et digne de la plus vive repréhension.

» L'affaire mise en délibération, la compagnie, après avoir examiné les chandelles mises sur le bureau, et en avoir reconnu toutes les défectuosités, a fait avertir ledit entrepreneur de se rendre ici, et y étant arrivé et entré en conseil, M. le lieutenant lui auroit représenté lesdites chandelles, et il auroit *reconnu* son tort et la mauvaise qualité des suifs recouverte d'un suif d'une meilleure qualité, et lui retiré, le conseil a conclu que, par les voies de droit, il seroit contraint de reprendre ce qui restoit de sa fourniture, s'il n'y vouloit pas consentir de gré à gré, et d'en rendre la valeur sur le pied de l'achapt, même en dommages et intérêts. — Et étant rentré et averti de la présente décision, il s'y est *soumis*, et a donné son billet séparé des présentes de reprendre ce qui restoit de la fourniture desdites chandelles, et d'en rendre la valeur sur le pied de l'achapt. — Et ont été nosdits sieurs les commissaires remerciés de leurs attentions, et les a-t-on priés de les continuer, pour que le public soit servi fidèlement. »

Mais la nuit porte conseil. Tout mauvais cas est niable. — L'entrepreneur se ravise. — Le lendemain, lundi 27 Janvier 1749, « M. le lieutenant a exposé en conseil que l'adjudicataire de la fourniture des chandelles pour éclairer les rues de cette ville prétend n'avoir fait les aveux et reconnaissance énoncés en la conclusion précédente, que par la *crainte et l'estourdissement* dont il a été saisi à l'ouverture qui lui en a été faite des défectuosités desdites chandelles; que dans ce moment il n'a point pensé qu'il n'avait pas fait seul les fournitures de la ville, que MM. les commissaires en avaient achepté une quantité considérable d'un autre particulier, duquel pourraient bien venir lesdites chandelles défectueuses, d'autant plus qu'il prétendait n'avoir employé que de bons suifs.

» L'affaire mise en délibération, la compagnie a prié MM de la Mothe et Coquebert, conseillers, et M. le syndic, de se rendre chez M. de la Salle qui est incommodé, et d'examiner ensemble si lesdites chandelles procèdent et font partie de la fourniture faite par ledit entrepreneur, ou du particulier duquel MM. les commissaires en ont achepté une autre partie, pour, sur leur rapport, être statué ce que de raison. »

Entre les deux, nos Salomons parvinrent-ils à découvrir le vrai coupable, si toutefois il n'y avait qu'un seul coupable ?—Ici l'histoire s'arrête Je n'en ai point la fin ; veuillez la suppléer.—Toutefois, ce dernier avertissement profitera.—Il est certain qu'un levain d'aigreur et de ressentiment resta longtemps dans le cœur des habitants contre ce bienfait royal du luminaire si rudement imposé, si chèrement acheté. — Mais les générations se poussent. La génération nouvelle avait perdu le souvenir des verges royales, et ne connaissait de l'institution déjà demi-séculaire que ses avantages, qui pouvaient se résumer en trois mots : clarté, propreté, sûreté. Elle s'attachait à ces établissements qui, chaque jour, développaient autour d'elle les agréments et les facilités d'une vie plus commode.

Et maintenant permettez-moi de le prendre sur un ton plus sérieux. — A part cet esprit d'économie inhérent à la race rémoise, à cette forte race de commerçants, dont est sorti notre Colbert, et qui leur fait appliquer le même procédé d'épargne à la

conduite de leur fortune privée et à celle de la fortune publique, ce n'étaient point des administrateurs
mesquins, ce n'étaient pas même des hommes vul-
gaires que ces conseillers de l'échevinage du XVIIIe
siècle.

Il y aurait ingratitude à ne présenter que le côté
plaisant de leurs actes.

Les livrer à la risée ou à l'ironie, ce serait ba-
fouer des noms qu'on est habitué à respecter, et
auxquels il faut ajouter, outre tous ceux que j'ai
déjà cités, les noms plus imposants encore des Sutaine, des Jean-Louis Lévesque de Pouilly. Ce serait
pour moi dénigrer les noms vénérables et vénérés
de ces dignes confrères en médecine, les de Mailly,
les Le Pescheur, les Blanchebarbe, avec qui j'aime à
m'entretenir à travers la distance des siècles, de tous
ces hommes enfin qui mirent leur science et leur
dévouement au service de la ville, et qui s'efforcèrent
d'y répandre, d'y provoquer les lumières intellec-
tuelles encore plus que les lumières matérielles.

Et quel moment encore choisirais-je pour cela?
Celui précisément où les améliorations surgissent et
s'exécutent de toutes parts : eaux potables données à
la ville, c'est-à-dire le plus grand des bienfaits ;
rues élargies ; pavés refaits ; promenades plantées et
ouvertes en belles perspectives, pour la satisfaction des
citoyens ; création des écoles de mathématiques et
de dessin; projet d'une académie de cheval, que notre
ville reprend en ce moment. --- Ne rêve-t-on pas déjà
la place et la rue Royales? — En un mot, l'échevinage
de ce temps, en adoptant la devise S. P. Q. R. du
peuple romain : *Senatus populusque Remensis*, ne sem-
ble-t-il pas avoir adopté aussi et transporté alors dans

nos murs quelque chose de la grandeur de l'ancienne
édilité romaine, et cela sur un pied qui n'a pas été
surpassé, qui n'a peut-être pas été égalé de nos jours
et dans notre siècle moins préoccupé du grandiose
que de l'utile?

Ne vous étonnez donc pas si, après quelques vacil-
lations explicables, notre échevinage s'attache maintenant, et de la façon la plus sérieuse, avec amour
même, à la surveillance et aux développements de
l'éclairage rémois.

Le lundi 4 Août 1749, M. le lieutenant a dit en
conseil « qu'il était de l'intérêt public que le service
des lanternes qui éclairent cette ville pendant l'hiver
fût assuré d'une façon qui ne laissât lieu à aucun
abus, qu'il en avait conféré avec plusieurs de Messieurs, et notamment avec M. de la Salle de l'Etang,
qui a bien voulu dresser une sorte de règlement
qui produira un effet très-avantageux, si on tient
la main à son exécution. »

« M. le procureur syndic a dit qu'il a pris communication de ce mémoire, en forme de règlement, qu'il
le croit très-utile à tous égards, qu'il requiert que
lecture en soit faite et que son exécution soit ordonnée. »

On le lit, on l'adopte pour être exécuté selon sa
forme et teneur. — A cet effet, il sera transcrit et
signé fin de la présente conclusion. Il en sera délivré
une copie à chacun de MM. les commissaires à la
distribution des chandelles, qui sont priés de s'y
conformer, et pour les aider dans ce travail, le nommé
Lequeux est établi commis aux gages de 120 livres, et
en cas de maladie sera substitué dans ses fonctions
par le nommé Pierlot.

— 95

Nous avons donc dans toute son étendue le règlement de M. Philbert de la Salle pour l'illumination
des lanternes, et nous pouvons vous en donner ici
une idée sommaire, sauf à en faire plus tard, si on le
désire, la publication intégrale.

Le 30 Août de la même année 1751, le même
M. de la Salle est autorisé à signer l'arrangement pro-
jeté avec M. le lieutenant général de police pour se
servir de chandelles d'un poids différent de celui
porté aux précédentes adjudications pour éclairer la
ville les soirs pendant l'hiver, fixer les jours et heures
auxquelles on allumera les lanternes, et ce *pendant
six mois au lieu de cinq*, à commencer le 1er Octobre.

Le poids règlementaire ancien des chandelles était,
vous le savez, d'un quarteron. — On convient de
le diminuer, de les réduire à six, sept ou huit à la
livre, selon les phases de la lune.

On y ajoute particulièrement que les nouvelles
chandelles auront bien partout même grosseur,
même calibre, seront conformes au modèle, mais
dans certains quartiers on les mettra de moindre
grosseur; et voilà enfin le problème des six mois résolu.

Le relevé général indique 301 lanternes.

L'éclairage marche de conquête en conquête. Le
26 Mai 1751, la compagnie conclut « qu'il sera fait
un grand emplacement et relevé des lanternes qui
sera imprimé, et prie MM. Dorigny et Villette de
donner les soins nécessaires à ce projet. »

Les délégués s'y donnent entièrement, et le 30
Août même année; le conseil les remercie de nouveau des soins infinis et des peines qu'ils se sont

donnés pour visiter les rues de cette ville, à l'effet de reconnaître la position des lanternes, dont ils ont dressé un état ; et « a été conclu que cet état sera transcrit sur la présente conclusion, et qu'il en sera délivré une copie à MM. les commissaires, une à l'adjudicataire des lanternes, une au piqueur, et une de celle de leur département à chacun des allumeurs. »

Il y a maintenant 306 lanternes.

A ces lanternes si bien classées, si bien numérotées, vient s'en ajouter une 307me qu'on pourrait appeler la *lanterne de la charité.*

Le lundi 6 Septembre 1751 , « lecture faite au conseil de la requête présentée par les curés, marguilliers et paroissiens de Sainte-Marie-Madeleine, expositive que, dans les environs de ladite paroisse, il n'y a aucune lanterne pour éclairer le public ; que très-souvent le soir, et pendant la nuit, on est obligé d'avoir recours au sieur curé et autres prêtres pour l'administration des sacrements, et que, dans ces cas indispensables, on court risque d'être blessé, pourquoi demandent qu'il plaise faire poser une lanterne sur le coin du grand portail, du côté du presbytère.

» Le conseil accorde. »

Le quartier des petites gens, des habitants de la dernière classe, le pauvre peuple enfin, a donc aussi sa part du luminaire, ou, comme on l'appelle alors, de l'*illumination.*

Cinq autres augmentations du même genre portent le nombre total et définitif des lanternes à 312, nombre qui n'a point été dépassé.

Je m'arrête ici. — Aussi bien les temps sont accomplis ; — l'éclairage est intronisé à Reims. — Nous assistons au triomphe absolu de la lanterne : son règne paraît solidement établi.

Mais bientôt vont venir les lanternes à réflecteurs que vous vantez avec tant de raison ; puis Argant, le père de la lumière, avec sa mèche cylindrique et sa lampe à double courant ; puis Quinquet, avec sa cheminée de verre, qu'il a volée peut-être à Argant ; puis l'huile et les réverbères. — C'est en 1770 que les premiers de ceux-ci se posent à Reims à côté des lanternes. Une adjudication de 1776 ne demande plus de fourniture que pour 246 lanternes et chandelles ; mais l'adjudicataire se chargera de 54 lanternes à réverbère, ayant chacune leur lampe, dont 11 garnies de 4 becs, 22 de 3 becs, et 21 garnies de 2 becs, ayant toutes un double réservoir et un réverbère, vitrées enfin en verre de Bohême. Une adjudication de 1785 ne compte plus que 176 lanternes à chandelles.

Un état fait à la date du 31 Mars 1787 et analogue à celui de 1751, permet de suivre pas à pas les changements introduits tant dans le matériel que dans la nature de l'éclairage. — Il y a, en ce moment, 121 systèmes anciens et 251 nouveaux. — Le 31 Mars 1807, il ne reste que 11 lanternes à chandelles contre 242 réverbères, portant 564 becs et brûlant, pendant les six mois d'hiver, à raison de 125 jours sans lune et de 749 heures d'illumination par jour.

La chandelle est détrônée par l'huile qui comptera, en 1827, 412 réverbères portant 982 becs, allumés 167 jours de l'année, devant brûler 814 heures chaque nuit, et coûtant à la caisse municipale 21,000 francs.

Puis l'huile sera à son tour détrônée par votre gaz.
— Les derniers réverbères à huile ont disparu en
1863.

Et demain peut-être, votre gaz, tout fier, tout
radieux qu'il soit de ses 732 becs, nous donnant
1,875,911 heures 1/2 d'éclairage pendant les douze
mois de l'année, coûtant à la ville 81 francs par bec
et de 42 à 43,000 francs par année, s'éclipsera peut-
être, non pas même devant cette éblouissante blan-
cheur du magnésium incandescent, avec lequel vous
avez fermé nos yeux et donné la jaunisse à votre gaz,
mais devant un rival plus prochain et plus redoutable
peut-être, dont vous ne nous avez pas parlé, je veux
dire devant l'électricité.

RÈGLEMENT

dressé par

M. Gilbert de la Salle de l'Etang.

Du lundy 4 Aoust mil sept cent quarante-neuf.

Au conseil, où présidoit M. Louis-Jean Levesque de Pouilly, lieutenant, où estoient MM. l'abbé de Vinay, Clignet, Bourgongne, Maillefer, Bourin, Levesque, Clicquot, Lequeux, Amé de Beaugillet de la Motte, de la Salle de l'Etang, Coquebert, Sutaine et Rogier ;

M. Jean - Baptiste Maillefer, procureur du roy syndic, présent ;

M. le lieutenant a dit qu'il estoit de l'intérest public que le service des lanternes qui éclairent cette ville pendant l'hiver fût assuré d'une façon qui ne laissât lieu à aucun abus, qu'il en avoit conféré avec plusieurs de Messieurs, et notamment avec M. de la Salle de l'Etang, qui a bien voulu dresser une sorte de règlement qui produira un effet très-avantageux, si on tient la main à son exécution.

M. le procureur syndic a dit qu'il a pris communication de ce mémoire en forme de règlement, qu'il le croit très-utile à tous égards, qu'il requiert que lecture en soit faite et que son exécution soit ordonnée.

L'affaire mise en délibération, lecture faite dudit règlement, la compagnie a remercié M. le lieutenant et M. de la Salle de leurs attentions, a trouvé ce règlement très-sage et très-avantageux pour le public, en conséquence l'a adopté, et conclud qu'il sera exactement exécuté, selon sa forme et teneur ; à cet effet, qu'il sera transcrit en entier et signé fin de la présente conclusion, qu'il en sera délivré une copie à chacun de MM. les commissaires à la distribution des chandelles, qui sont priés de s'y conformer, et de faire pour son exécution ce qui sera nécessaire. Et a nommé pour commis à la distribution des chandelles le nommé Lequeux, aux gages de 120 livres, et en cas de maladie, sera substitué dans ses fonctions par le nommé Pierlot

RÈGLEMENT

POUR L'ILLUMINATION DES LANTERNES.

Il y a 301 lanternes distribuées dans toute la ville ; elles seront toujours posées au 1er Octobre de chaque année, pour pouvoir estre allumées aussitôt que les vendanges commenceront.

On les retirera au 1er Avril suivant.

On employera des chandelles de 8, de 7 et 6 à la livre, et de 5 encore pour seulement les deux foires de Pasque et de Saint-Remy.

A raison de 8, trente chandelles font par jour 37 livres et demie et un 8me.

A raison de 7, font par jour 43 livres.

A raison de 6, font par jour 50 livres et un 6me.

On allumera pendant six mois, sçavoir : Octobre, Novembre, Décembre, Janvier, Février et Mars.

Dans les lunes de ces six mois, on n'allumera pas plus de vingt jours, à l'exception de celle de Mars, où on finira d'allumer au dernier jour dudit mois in-clusivement, quand même la lune qu'on auroit com-mencée dans le dernier mois continueroit le mois suivant.

La règle générale pour faire allumer dans chacun de ces six mois sera toujours de faire commencer quand la lune se lèvera, une heure après que le jour sera tombé, c'est-à-dire environ une heure et demie ou deux heures après que le soleil sera couché ; ce qui arrivera ordinairement vers le 17 , 18 ou 19 de la lune ; et de faire cesser quand la lune estant renouvellée aura assez de diamètre à la fin de sa première phase pour éclairer suffisamment, ce qui arrivera au 8me de la lune, et continuera pen-dant tout le premier quartier jusqu'au troisième jour de la pleine lune, où elle commencera à se lever trop tard pour éclairer aussitôt que le jour sera tombé ; en sorte que par chacune lune il y aura environ 20 jours qu'on sera tenu de faire allumer, et il y aura ordinairement 10 jours où on n'allu-mera pas.

Ainsi cette règle générale a pour fondement que tant, qu'au défaut du jour, la lune ne suppléra point pour éclairer le temps qu'il convient, on fera allumer, et que tant qu'elle pourra y suppléer, on suspendra l'illumination des lanternes.

Mais attendu la variation des phases de la lune, at-tendu que l'heure de son lever ne se rencontre point ordinairement avec l'heure du coucher du soleil, et attendu que les jours de la lune ne se rencontrent point ordinairement avec les jours du mois, cette règle générale qui vient d'être posée ne peut servir qu'à guider pour faire renouveler tous les ans un règlement, pour chacun mois, du jour qu'il conviendra de faire commencer à allumer et de faire cesser, ce qu'il sera très-facile d'exécuter au moyen du Collombat, qui apprend tous les ans, dans chacun mois, à quel quantième la lune se lève, une heure après que le jour est tombé, et qui apprend de même à quel quantième le 8 de la lune arrive. C'est pourquoi, en se conformant à cette règle générale, et en faisant usage du Collombat, on sera en état de donner par mois au commis aux lanternes une feuille sur laquelle sera réglé le jour que l'on commencera et que l'on cessera de faire allumer; et sur laquelle, en même temps, seront indiquées les différentes espèces de chandelles qu'il conviendra de mettre en usage ; on donnera à la fin de ce mémoire un modèle de cette feuille.

En faisant donc allumer par chacune lune pendant 20 jours, on emploiera les deux premiers jours des chandelles de 8 à la livre, les 2 jours suivans dés 7 à la livre, et les 16 jours restans des 6 à la livre, avec cette différence que dans tout le courant du mois de Mars on n'emploiera que des 7, quand même il seroit question de continuer la lune du mois précédent, attendu que dans le mois de Mars, les jours étant considérablement augmentés, il convient de ne commencer à faire allumer qu'à sept heures.

On allumera encore toutes les lanternes de la ville dans tout le temps que dureront les vendanges, avec cette exception cependant que si elles tomboient dans les 10 jours qu'il est établi qu'on n'allumera point, il sera inutile de faire allumer dans ce temps, *quoiqu'on l'ait pratiqué jusqu'à présent très-mal à propos.* puisque dans ces 10 jours la lune éclaire suffisamment, quand même le temps seroit couvert, étant pour lors sur notre horizon dans son premier quartier et dans son plein, en sorte que nonobstant les vendanges, on ne commenceroit à faire allumer dans le mois d'Octobre que conformément à la règle générale qui a esté establie ci-dessus, qui est de ne commencer que quand la lune se lève une heure après que le jour est tombé, en n'employant de même les deux premiers jours que des 8 à la livre, les deux jours suivans des 7, et ensuite des 6 à la livre; cependant si les vendanges arrivoient dans le commencement d'Octobre, avant les 10 jours qu'on n'allume point, on n'emploieroit que des 6 à la livre, et on allumeroit ainsi jusqu'à ce que les 10 jours commencent, c'est-à-dire jusqu'au premier quartier de la lune.

On allumera les deux foires de Pasque et de Saint-Remy; pendant les trois jours que dure la foire de Saint-Remy, on fera allumer 12 lanternes pour chacun jour.

Pendant la foire de Pasque, l'espace de onze jours, on fera allumer 32 lanternes par chacun jour, en commençant le lundi de Pasque jusqu'au lundy de la clôture de ladite foire.

Pour faire allumer pendant les six heures les 301 lanternes de la ville, ainsi que pendant les vendanges et les foires de Pasque et de Saint-Remy, il sera donné à chacun des 15 gagne-deniers, qu'on appeloit ci-devant allumeurs ou allumeuses, une petite chandelle de 12 à la livre, à raison de 20 lanternes ce qui fera par jour une livre et un quart de cette espèce, qui augmentera encore la provision de la ville.

RÈGLEMENT

POUR LA PROVISION DES CHANDELLES.

La provision de toutes les chandelles qu'il convient d'employer pour la consommation détaillée dans le règlement précédent sera toujours faite par Messieurs les deux derniers conseillers, qui en régleront et en arresteront le prix après l'avoir proposé au conseil.

On préférera toujours de donner le prix bourgeois afin d'avoir des chandelles de la meilleure qualité et de la meilleure consistance, et afin de prévenir tout prétexte d'excuse de la part du chandelier, qui ne pourra se dispenser de donner tout ce qu'il y a de meilleur, ce qui fera que les chandelles en dureront beaucoup plus longtemps, puisque des 8 de cette qualité dureront au moins trois à quatre heures, les 7 quatre à cinq heures, et les 6 cinq à six heures; ce qui remplira suffisamment le temps qu'il convient de faire allumer; au lieu que des chandelles de mauvaise qualité, qu'on seroit exposé d'avoir en ne donnant pas le prix bourgeois, quand elles seroient plus grosses, ne dureroient pas à beaucoup près autant, ainsi qu'il n'a été que trop souvent et trop longtemps prouvé par l'expérience qu'on a eue ; c'est pourquoi il convient de ne point hésiter de donner tous les ans le prix bourgeois, afin que le public soit mieux servi.

Cette provision de chandelles consistera tous les ans :

1° Pour les 8 à la livre, pendant les cinq mois qu'elles seront employées, à raison de deux jours par chacun mois, en la quantité de 376 livres et un quart de chandelles ,   376 l. 1/4

2° Pour les 7 à la livre, pendant les cinq mois, à raison de deux jours par chacun mois, et pendant tout le mois de Mars, à raison de 18 jours, la quantité de 1150 livres,   1150

3° Pour les 6 à la livre, pendant les 5 mois, à raison de 26 jours par chacun mois, y compris le temps des vendanges, en la quantité de quatre mille quinze livres de chandelles,   4015

4° Pour les deux foires de Pasque et de Saint-Remy, conformément aux jours qu'il convient d'allumer, détaillés dans le règlement, procédant en la quantité de 77 livres de chandelles, à raison de cinq à la livre,   77

5° Pour les petites chandelles qu'on appelle allumeuses, à raison de 12 à la livre, qui sont employées par les gagne-deniers pour allumer les lanternes, et dont la consommation monte par jour à une livre et un quart, pendant 6 mois, à raison de vingt jours par chacun mois, en la quantité de cent cinquante livres de chandelles ,   150

Total, cinq mille sept cent soixante-huit livres,   5768 liv.

8

Comme il n'est pas possible que, dans une aussi grande quantité, tous les paquets de chandelles de 8, de 7, de 6 à la livre, ainsi des autres espèces, reviennent exactement à la livre, le conseil ayant plustôt intention qu'elles pèsent un peu plus que moins, la provision en sera réglée tous les ans à cinq mille neuf cent livres, ce qui fera 132 livres d'augmentation au pardessus de la consommation fixée cy-dessus.

Total de toute la provision des chandelles,   5900 liv.

Cependant, pour que les paquets de ces différentes espèces de chandelles reviennent à la livre le plus exactement que faire se pourra, dans le traité qui sera fait avec le chandelier, il sera positivement exprimé que toutes les chandelles seront livrées par paquets d'une livre, dont on lui fournira l'état de ce qu'il doit en livrer, et lui sera fait défense d'en livrer une plus grande quantité, sous peine d'estre privé du paiement du surplus ; pourquoi il fera sa soumission.

Quand il sera question de la livraison, MM. les conseillers chargés de l'inspection des lanternes s'y trouveront avec le commis aux lanternes, pour non-seulement voir peser les chandelles, mais pour examiner leur qualité à mesure qu'on les encaissera ; aussitôt que la livraison en sera faite, elles seront transférées au magasin de la ville, où, en présence de MM. lesdits conseillers ainsi que des commis aux lanternes, elles seront arrangées sur les rayons en faisant séparation des différentes espèces de chandelles, ce qui donnera encore lieu d'en mieux examiner leur qualité.

Le rapport de la qualité sera fait au conseil par MM. lesdits conseillers, en présentant plusieurs échantillons de différentes espèces.

S'il y avoit soupçon qu'elles ne fussent pas de la meilleure qualité, ce qu'elles doivent absolument avoir, attendu le prix bourgeois auquel elles sont fixées, il sera nommé par le conseil un maître juré chandelier pour les faire encore mieux examiner.

MM. lesdits conseillers auront aussi attention d'examiner si les paquets de 6, de 7 et de 8, ainsi que des autres, pèsent exactement la livre, puisqu'autrement, s'ils pesoient davantage, cela pourroit faire une grande diminution et une très-grande différence dans la distribution des chandelles ; et s'ils pesoient moins, le public ne seroit pas servi au désir du conseil.

La clef du magasin des chandelles sera toujours chez MM. lesdits conseillers, et ne sera jamais laissée au greffe de la ville. Ils la confieront seulement au commis aux lanternes les jours qu'il sera question de faire la distribution, pour se la faire toujours remettre aussitôt que celle-ci sera faite.

Cette attention sera d'autant plus nécessaire que MM. lesdits conseillers seront tenus, quand toutes les distributions seront faites, de donner au conseil, à la fin des six mois qu'on aura allumé, un état de toute la consommation des chandelles qui aura été faite, ainsi qu'il sera plus amplement établi dans le règlement suivant.

C'est pourquoi ils sont invités de se trouver alternativement à cette distribution.

Le temps de faire cette distribution et d'en arrêter le prix sera toujours dans le mois de Mars, aussitôt l'élection et la continuation de MM. les conseillers.

Il ne sera payé que moitié de ladite provision aussitôt la livraison ; le second payement pour l'autre moitié ne se fera que l'année suivante, après la consommation de toutes les chandelles.

Nota que MM. les conseillers chargés de faire les marchés avec les vitriers et chandeliers auront soin de les faire pour un temps qui n'excédera pas celui de l'adjudication qui se fait à la police.

RÈGLEMENT

POUR LA DISTRIBUTION DES CHANDELLES.

La distribution de toutes les chandelles sera faite par le commis aux lanternes, au magasin de l'hôtel-de-ville, deux fois par semaine, sçavoir le mercredy et le samedy, à 2 heures, en présence de MM. les deux derniers conseillers chargés de l'inspection des lanternes, lesquels voudront bien s'y trouver alternativement.

Il sera donné par eux audit commis un état de toute la provision de chandelles, et de chacune de leurs différentes espèces, pour en faire la distribution ainsi qu'il sera dit cy-après, et pour pouvoir leur en rendre compte, ce qu'il sera tenu de faire quant les six mois qu'on aura allumé seront finis.

Il sera donné audit commis, tous les mois, par MM. lesdits conseillers, une feuille qui indiquera le jour qu'il conviendra de faire commencer à allumer, ainsi que celui qu'il conviendra de cesser.—L'heure que l'on commencera l'illumination par chacun mois y sera aussi indiquée, qui sera toujours une heure après que le soleil sera couché. Il y sera énoncé que le premier et le deuxième jour on employe a des 8 à la livre, le troisième et le quatrième jour des 7, et le restant du mois des 6 à la livre.

Cette même feuille, qui règlera donc tout ce qui sera alloué de chandelles par chacun mois, contiendra encore tout ce que ledit commis et les gagne-deniers seront tenus de faire pendant le courant du mois, ainsi qu'il va estre détaillé.

Pendant tout le temps que les lanternes seront allumées, ledit commis aura attention sur toutes les ruses qui ne sont que trop fréquemment employées par les gagne-deniers pour frauder des chandelles ; et en cas de contravention, pourra les chasser pour en substituer d'autres à leur place, en les privant de leur salaire.

Il leur ordonnera de placer les chandelles dans le fil d'archal qui tient aux bobèches de chaque lanterne, pour les contenir droites, et de fermer exactement les trappes qui sont au fond des lanternes, à peine de retenir leurs salaires.

Il leur ordonnera encore d'élever toutes les lanternes d'une même rue à une même hauteur.

Il leur défendra, sous peine d'être chassés et d'être privés de leur salaire, d'allumer plus que le département qui leur aura été distribué.

Il leur ordonnera de bien fermer toutes les boetes, à peine de privation de leur salaire.

Il leur ordonnera encore de lui faire un rapport exact de toutes les lanternes qu'il faudra réparer ou remplacer, ainsi que des boetes qu'il faudra aussi réparer , dont il fera aussitôt son état pour le donner au vitrier ou adjudicataire.

Au cas que les lanternes ne soient pas réparées ou remplacées dans le jour, ou le lendemain au plus tard que ledit vitrier en aura eu avis, ledit commis avertira MM. les conseillers chargés de l'inspection des lanternes, lesquels aussitôt en feront leur rapport au conseil, pour qu'il soit retenu audit vitrier adjudicataire six sols par lanterne, autant de fois qu'il s'en trouvera qui n'auront pas été réparées ou remplacées assez à temps. Il en sera de même pour les boetes qui n'auront pas été réparées aussi à temps, et MM. les conseillers en donneront l'état audit conseil , afin que ce qui aura été jugé devoir luy être retenu, soit diminué sur le prix de son adjudication.

Pendant les dix jours qu'on n'allumera point, le commis aux lanternes aura les mêmes attentions sur toutes les lanternes et sur toutes les boetes, pour que pendant ce temps elles soient toutes réparées ou remplacées.

Dans les feuilles qui seront données pour les mois de Décembre ou Janvier, outre tout ce qui est détaillé ci-dessus qui y sera contenu, il sera encore ordonné aux commis aux lanternes d'avoir attention que dans les dix jours de ces deux mois qu'on n'allumera point, toutes les lanternes de la ville soient entièrement nettoyées sans qu'il y en ait aucune qui soit exceptée. Il ne manquera pas d'en avertir le vitrier adjudicataire qui y est tenu par son adjudication. Et au cas qu'après que lesdits jours qu'on n'allume point seroient expirés, il se trouve des lanternes qui n'aient pas été nettoyées, ledit commis en fera exactement un état qu'il remettra à MM. lesdits conseillers, qui ne manqueront pas d'en faire leur rapport au conseil, pour qu'il soit retenu audit vitrier autant de fois six sols qu'il se sera trouvé de lanternes qui n'aura pas été nettoyée.

Le commis, pour être en état de bien faire exécuter tout ce qui lui est ordonné ci-dessus, sera tenu par semaine et dans le courant de chacune semaine de faire la visite des quinze départemens qui sont distribués au quinze gagne-deniers, et en rendra compte toutes les semaines à MM lesdits conseillers qui, au défaut de cette exactitude, seront en droit de faire nommer au conseil un autre commis aux lanternes.

Voilà ce qui sera contenu dans la feuille qui sera donnée tous les mois, à l'exception du netoyement des lanternes, dont il ne sera fait mention que dans les feuilles de Décembre et de Janvier. Le vitrier adjudicataire étant tenu par son adjudication de nettoyer une fois toutes les lanternes dans le courant de six mois, il convient qu'elles le soient toutes dans le courant de Décembre et de Janvier, puisque ces deux mois font le milieu du temps qu'on est tenu d'allumer.

Il convient que cette feuille qui arrête les jours d'illumination et de cessation soit faite par M. le greffier de la ville, qui la présentera tous les mois au conseil, pour y être autorisé.

Il convient, en ce cas, qu'elle soit imprimée tous les mois, pour mieux servir d'instruction au commis aux lanternes et aux allumeurs.

Quand elle sera imprimée, elle sera remise à MM. les conseillers, qui la donneront au commis aux lanternes.

Il sera donné audit commis aux lanternes, par chacune année, pour ses salaires, la somme de cent vingt livres.

A la fin de chaque mois, il remettra exactement à MM. les conseillers la feuille qu'il aura reçue, et recevra d'eux en mesme temps celle du mois suivant.

Quand les six mois qu'on aura allumé seront finis, après qu'il aura été fait par MM. les conseillers un état de tout ce qui aura été alloué de chandelles, conformément à toutes les feuilles qui leur auront été remises, il sera encore fait par eux au magasin de la ville, en présence du commis aux lanternes, un état et un inventaire de toutes les chandelles qui se trouveront de reste, et de leurs différentes espèces, dont il sera rendu compte au conseil, ainsi que de la consommation qui aura été faite. Sur ce qui se trouvera rester sera ordonnée la provision de chandelles pour l'année suivante, laquelle provision n'excédera pas les 5900 livres fixées cy-dessus, y compris ce qui se trouvera de reste.

Les 301 lanternes de la ville seront partagées en quinze départemens, qui comprendront chacun 20 lanternes, ni plus ni moins, à l'exception d'un seul qui en aura 21.

Pour les allumer, il y aura quinze gagne-deniers qui auront chacun son département.

Ils seront directement aux gages de la ville et ne seront plus aux gages du vitrier adjudicataire, ainsi qu'ils ont été jusqu'à présent.

Il leur sera donné à chacun par mois, par le commis aux lanternes, pour leur salaire la somme de.....

Le mois des gagne-deniers se comptera depuis le

jour qu'on commencera à allumer jusqu'à celui où l'on cessera.

Les gagne-deniers scront tous choisis et nommés par le commis aux lanternes, qui n'en employera point qui n'ait atteint l'âge de 20 ans.

Quand ledit commis leur retiendra le mois de leur salaire, ou partie pour les cas de contravention ci-dessus détaillés, il en fera un état qu'il remettra à MM. lesdits conseillers.

Nota que dans l'adjudication du vitrier, il faut que la retenue de 6 sols par lanterne dont on a parlé cy-dessus y soit expressément stipulée, dans les cas qui ont été détaillés, afin que le conseil soit autorisé à le faire.

Il faut encore que dans la même adjudication il y soit stipulé que le netoyement des lanternes sera fait dans les mois de Décembre et de Janvier.

Signé : Levesque de Pouilly, Parchappe-
Vinay , Clignet , Bourgongne ,
Maillefer syndic, Bourin.

Du Mardi 30 Septembre 1749.

« Au conseil extraordinaire où présidoit M. Bourgongne, prévost, pour l'absence de M. le lieutenant,

» M. de la Salle est autorisé à signer l'arrangement projetté avec M. le lieutenant général de police pour se servir de chandelles d'un poids différent de celles portées aux précédentes adjudications, pour éclairer la ville, les soirs pendant l'hiver, et les jours et heures auxquelles on allumera les lanternes, et *ce pendant six mois au lieu de cinq, à commencer du 1er Octobre.*

» Cejourdhuy, vingt-trois Septembre mil sept cent

quarante-neuf, en notre hostel, lè procureur fiscal présent, sur ce qui nous a été représenté par M. Philbert de la Salle, conseiller au présidial de Reims et conseiller eschevin de ladite ville, que par nos précédentes adjudications, toutes les chandelles doivent être de quatre à la livre, et par notre dernière du 8 Octobre 1747, du poids de cinq ou de sept à la livre, que MM. du conseil ont observé qu'il seroit avantageux au public de réduire lesdites chandelles de quatre à la livre, et que l'adjudicataire pût se servir du poids de six, sept et huit à la livre, suivant les proportions des jours et des différentes phases de la lune ; que par ce moyen on pourroit charger l'adjudicataire *de commencer dès le mois d'Octobre,* ce qui feroit *six mois* d'illumination au lieu de cinq, sur quoy nous aurions mandé Pierre Gogué, adjudicataire desdites lanternes et fournitures de chandelles, lequel rendu en nostre hostel, les changemens cy-dessus lui ayant été proposés, il y auroit consenti, après que le procureur fiscal y a acquiescé : sans préjudice toutefois des autres clauses de l'adjudication , qui demeureront dans leur force et vertu. Nous avons, en conséquence, permis audit Gogué de se servir de chandelles du poids de six, sept et huit à la livre, suivant les différentes phases de la lune, à condition qu'il commencera *d'allumer dès le mois d'Octobre prochain,* et qu'il continuera jusqu'au mois de Mars suivant inclusivement , tous les jours qu'il sera nécessaire d'illuminer , et ce au jour tombant, à l'heure qui luy sera marquée ; et seront au surplus les autres clauses de la cédulle et adjudication exécutées selon leur forme et teneur ; et a mondit sieur de la Salle signé avec nous, le procureur fiscal, ledit Gogué et notre greffier. »

Du Lundi 3 Novembre 1749.

« M. le lieutenant a exposé que, suivant le règlement fait ci-devant pour les différentes grosseurs et longueurs des chandelles qui servent le soir à éclairer les rues, on a remarqué un inconvénient qui est que les chandelles du poids le plus léger, n'ayant pas la même grosseur que les autres, non-seulement elles ne rendent pas une clarté suffisante, mais encore qu'elles s'éteignent plus aisément, ou se consomment plus vite qu'elles ne devroient, à quoi on remédiera aisément, si on prend le parti de faire toutes les chandelles d'une même grosseur, en observant de faire plus courtes celles qui sont destinées à éclairer pendant un temps moins long.

» L'affaire mise en délibération, la compagnie a prié MM. les commissaires à l'achapt et distribution des chandelles, de les faire faire toutes de la même grosseur, en observant de faire faire plus courtes celles qui doivent durer moins longtemps, ce qui sera ajouté au précédent règlement. »

DÉNOMBREMENT ET EMPLACEMENT

des lanternes de la ville par quartiers et connétablies, avec les départements pour les allumeurs.

CONCLUSION DU 30 AOUST 1751.

La compagnie a remercié MM. de Villette et Dorigny des soins infinis qu'ils se sont donnés pour visiter les rues de cette ville, à l'effet de reconnoître la position des lanternes dont ils ont dressé un état, et a conclu qu'il seroit transcrit fin de la présente conclusion, qu'il en seroit délivré une copie à Mrs les commissaires de l'achapt et distribution des chandelles, une à l'adjudicataire des lanternes, une au piqueur, et une copie de celles de leur département à chacun des allumeurs.

ENSUIT L'ÉTAT DE LA POSITION DES LANTERNES.

ANNÉE 1751

EMPLACEMENT DES BOETES.

Département des lanternes allumées par Nicolas Verte.

ALLUMEURS.	LANTERNES.	RUES.		CONNÉTABLIES
Nic. Verte.	Lanterne.	rue du Marc,	La boëte à Mme la veuve Louis, prr.	Nas Clicquot.
	id.	vis à vis la rue de la Prison,	» à M. Maillefer, avocat du roy,	id.
	id.	près la Monnoie,	La corde dans la boëte à M. Maillefer, ancien avocat du roy,	id.

			La boëte à M.	
	id.	id.,	Bruxelles, md de vins,	Robert Degor
	id.	au coin de la rue Cotta,	» au sieur Turlin, huissier,	Pre Sutaine.
	id.	rue Cotta,	» à M. Beglet, procureur,	id.
	id.	rue du Marc,	» au bureau de la Draperie,	Robert Degor
	id.	rue Saint Crépin,	» au sieur Hibert, cuisinier,	id.
	id.	rue d'Oignon,	» au sieur Leblanc, menuisier,	Jean Henry.
	id.	id.,	» à M. Nouvelet, capne de ville,	Drouet.
	id.	rue Cour Châlon,	» à M. Roland de Chalerange,	Jean Henry.
	id.	rue d'Oignon,	» à M. Roland de Chalerange,	id.
	id.	rue du Trou de cul,	» à M. Tarte Thierion, md,	id.
	id.	rue du Petit Arsenal,	» au sieur Forest, mre des postes,	id.
	id.	id.	» au sieur Noël, tonnelier,	id.
	id.	rue de Porte Cérès,	» à M. Muzeux, chirurgien,	id.
Ponce Pierret,	id.	rue de l'Hopital,	» à M. Luilliers, md,	id.
	id.	id.	» au jardin de Mrs les marchands,	id.
	id.	au mur de la 2e porte de Cérès,	» au mur de la porte,	Drouet.
Pre Deguay,	id.	à la Maison blanche faulx-bourgs Cérès,	» au bureau des aydes,	Fr. Lajoie.
Led. Nas Verte,	id.		» à Ponce Pierret,	Drouet.
	id.	rue de la Truye qui fille,	» chez Hannequin, monteur de peignes,	J. Henry.
	id.	id.	» à Pierre Hivernel, scieur de l ng,	Drouet.
	id.	au marché à la laine,	» à M. de la Salle, au marché à la laine, capitaine de ville,	id.
	id.	rue de la Valleroy,	» à M. Nouvelet, capne de ville,	id.

ALLUMEURS.	LANTERNES.	RUES.		CONNÉTABLIES
N^{as} Verte,	Lanterne,	rue et coin Saint Jean,	la boëte à Etienne Marlette, tonnelier,	Degore.
	id.	rue de la Buchette,	» à Mlle Aubert,	id.
	id.	rue de l'Echauderie,	» à Mme la veuve Marlot,	id.
	id.	id.	» à M. de Sain, comm^{re} de police,	id.
	id.	rue de la Belle Image,	» à M. Mercier, notaire,	id.
	id.	rue Saint Hilaire,	» à Mlle Adnet,	id.
	id.	id.	» à M. le sacristain de St Hilaire,	id.
	id.	rue du Cimetière Saint Hi-laire,	» au mur de l'église de Saint Hilaire,	id.
	id.	rue Monginglon,	» à M. Calmé,	N^{as} Clicquot.
	id.	rue des Bouchers,	» à Mme la veuve Linguet,	id.
	id.	id.	» à l'école des Sœurs,	id.
	id.	rue du Temple,	» à M. Laclair, procureur,	id.

Le département des lanternes allumées par Nicolas Verte est de trente-sept lanternes, compris celles allumées par Ponce Pierret et P^{re} Deguay.

Département des lanternes allumées par Jean Verte.

Jean Verte,	id.	rue du Temple,	la boëte à Antoine Boucher, voiturier,	L. V. G.
	id.	rue de Sedan,	» à Melle Varoquier, couturière,	N^{as} Clicquot.
	id.	id.	» à M. Bigot, procureur,	id.
	id.	rue du Grenier à Sel,	» à M. de Recicourt, conseiller,	id.
	id.	à la croizée de porte Mars,	» au sieur Rainel, serrurier,	id.

Le sergent de ville de semaine, Lcd. J. Verte,	id.	rue Porte Mars ou la Grosse Bouteille,	»	au sieur J.-Bte Bonnet, chaper,	id.
	id.	id.	»	au sieur Ferry, serrurier,	Demain.
	id.	place Royale,	»	à M. Viarnet,	Clicquot.
	id.	vis à vis la rue de la Prison,	»	au mur du Présidial,	Pre Sutaine.
	id.	vis à vis la rue de Tambour,	la corde dans la même boëte au mur du Présidial,	id.
	id.	rue de la Prison,	la boëte au mur de la prison,	id.
	id.	place Royale,	»	au costé droit de l'hôtel-de-ville	Demain.
	id.	id.	»	au costé gauche de l'hôtel-de-ville,	id.
	id.	sous le portique de l'hôtel-de-ville,	la corde à un crochet sous le portique de l'hôtel-de-ville,	id.
	id.	au coin de l'Haute ruelle,	la boëte au sieur Larcher, peruquier,	id.
	id.	id.	»	à M. Darmancy,	Dérodé.
	id.	cour Salin,	»	à M. Cocquebert, conseiller au Parlement de Metz,	id.
	id.	place Royale,	»	à M. Coquebert de Montfort,	Demain.
	id.	rue de la Grosse Ecritoire,	»	à M. Allart, md de vin,	id.
	id.	id.	»	au nommé de Montigny, md de vin,	id.
	id.	rue de la Renfermerie,	»	au mur de la cense St Pierre,	Dérodé.
	id.	rue de la Tirelire,	»	au sieur Chouclain. boucher,	Hézet.
	id.	id.	»	au sieur Lacour, tonnelier,	id.
	id.	rue du Petit-Four,	»	à M. de Semeuse, trésorier de France,	id.

ALLUMEURS.	LANTERNES.	RUES.		CONNÉTABLES
Jean Verte,	Lanterne,	rue du Petit Four,	la boëte à Melle Robert,	Dérodé.
	id.	rue du Petit Cerf,	» au sr Cateau, md de vin,	id.
	id.	id.	» à Mme la ve Gobreau,	id.
	id.	plce de la Nou velle Monnoye,	» au sr Culoteau, laboureur,	Hézet.
	id.	rue du Jardinet,	» au sieur Houzeau, boulanger,	Dérodé.
	id.	rue du Château,	» à la veuve Trousset,	Delaunois.
	id.	rue des Ecrevez,	» au sieur Luzurier, cordier,	Demain.
	id.	rue de Porte Mars,	» au sieur Debune, chapelier,	Clicquot.
	id.	id.	» au sr Ponche Cauchon, tonlier,	id.
	id.	id.	» au sieur Destables, boulanger,	De Launois.
	id.	id.	» à la veuve Valin,	id.
	id.	à la porte de Mars,	» à la veuve Philippes,	id.
	id.	place Cana,	» au sr Henry Valin, tonnelier,	Clicquot.

Le département des lanternes allumées par Jean Verte est de 37 lanternes, y compris
celle allumée par le sergent de ville de semaine.

Premier département des lanternes allumées par Guillaume Marie.

Guillaume Marie	Lanterne,	ruelles Cocquault,	la boëte au mur du jardin du séminaire	Legrand.
	id.	rue Autier Lenoir,	» à Melle Lebègue,	Nicolas Sta.
	id	id.	» à M. de Vermand, gr. vicaire,	id.
	id.	rue des Fusiliers,	» au sr Caqué, chirurgien,	id.
	id.	id.	» à M. Clouet, chanoine,	id.

id.	id.
id.	rue du Palais,
id.	vis à vis la 1re cour du palais,
id.	rue du Corbeau,
id.	id., vis à vis la fausse porte du palais,
id.	id.
id.	id.
id.	rue de l'Ecole de médecine
id.	au coin de la rue des Anglois et des ruelles,
id.	rue des Anglois,
id.	rue St Etienne,
id.	rue de la Prison de Bonne Semaine,
id.	rue St Etienne,
id.	id.
id.	id.
id.	id.
id.	id.
id.	au coin de la rue de la Perrière et des Cordeliers,
id.	rue des Cordeliers,
id.	id.

»	au sr Pierron, tourneur,	id.
»	à la ve Martinet, épeutisseuse,	id.
»	au mur du palais,	Pargny.
»	au mur du baillage ducal,	id.
		Nicolas Sta.
»	à M. Favart, archidiacre,	
»	à M. Willot, chanoine écolâtre	Lefebvre.
»	au sr Lequeux, piqueur des ouvriers du chapitre,	id.
»	à l'école de médecine,	id.
»	à M. Muiron, md de vin,	id.
»	à Melle Majonpage, couturière,	id.
»	au mur de l'Université,	id.
»	à Robert Frer, sergier,	id.
»	à Jean Camus, peigneur,	id.
»	au sr Simon, vitrier,	id.
»	à M. Robert Champenois, md,	id.
»	au sr Pertois, apresteur,	id.
»	à M. Mimin, notaire,	id.
»	au sieur Savin, boulanger,	Bidault.
»	à M. Marlot, md,	id.
»	au sieur Faciot, boulanger,	id.

ALLUMEURS.	LANTERNES.	RUES.		CONNÉTABLES
Guillaume Marie	Lanterne,	id., vis à vis la place Barée,	la boëte au sieur Pignolet, cabaretier,	id.
	id.	rue Montoison,	» au sieur Gigault, fromager,	id.
	id.	id.	» au sr Broyart, souffreur et apresteur,	Lefèvre.
	id.	place des Filles Dieu,	au sr Robert Gayer, sergier,	id.
	id.	id., et bois de Vincennes,	» au sr Huart Tarte, sergier,	id.
	id.	rue du bois de Vincennes,	» à M. Hezet, notaire,	id.

Le 1er département des lanternes allumées par Guillaume Marie est de 31 lanternes.

Deuxième département des lanternes allumées par Guillaume Marie.

ALLUMEURS.	LANTERNES.	RUES.		CONNÉTABLES
Guillaume Marie	Lanterne,	rue du Bourg S. Denis,	la boëte au mur de l'hopital Ste Catherine,	Fr. Duchatel.
	id.	rue de la porte S. Denis au parvis,	» à M. Pernette, procr du Roy aux eaux et forêts,	Nicolas Sta.
	id.	au parvis,	» au sr Cuiffe, cordonnier,	id.
	id.	id.	» à Mlles Guyot,	id
	id.	id.	» au sr Senart, boulanger,	id.
	id.	rue de la Poissonnerie,	» au sr Thuillier, ploinbier,	id.
	id.	id.	» au sr Maircau, tonnelier,	id.
	id.	id., rue du Trésor,	» au mur de l'hotel Dieu,	id.
	id.	rue des Tapissiers,	» au sr Bernard, cabr,	Hézet.
	id.	id.	» à Me la ve Prudhomme,	Pargny.

id.	cour Chapitre ,	»	à M. Villé, marchand ,	Nicolas Sta.
id.	rue des Tapissiers ,	»	à M. Dessain, libraire,	id.
id.	id.	»	au sr Prevost, plombier,	Pargny.
id.	rue de la Picarde ,	»	à lad. ve Bresle ,	Hezet.
id.	id.	»	à Mad. la ve de la Motte Tronsson,	id.
id.	id.	»	à M. Malot Tronsson ,	id.
id.	rue de la Petite Clef,	»	à M. Hédouin Rogier,	Gobert.
id.	rue des Chapelains de S. Pierre,			
id.	rue des Telliers,	»	à M. Dorigny d'Agny,	id.
id.	id.	»	au sr Colinet, tonnelier,	Hezet.
id.	id.	»	à Melle Regnault ,	id.
id.	rue de Gueux,	»	à la ve Vanin , couturière,	Gobert.
		»	au sr Perrier de la ville de Vervins ,	Debar.
id.	id.	»	à Mme Maillefer, trésorière,	id.
id.	id.	»	à M. Dupuis, md de vin,	id.
id.	id.	»	à M. Jouvant, secretre du roy,	id.
id.	id.	»	à M. Cheneau, assesseur à la commission ,	id.
id.	id.	»	au sr Le Page, cordonnier,	Leroy.
id.	id., près l'ancien. Douane,	»	à Melle Thérèse Clicquot,	id.
id.	rue du Bourg de Vesle au bourg St Denis,	»	à Melle Faciot ,	Lefrique.
id.	rue du bourg St Denis ,	»	à Mad. la ve Lagoaille,	Fr. Duchatel.
id.	id.	»	au sr Langlois , menuisier,	id.
id.	id.	»	au sr Savoye, serrurier,	id.

ALLUMEURS.	LANTERNES.	RUES.		CONNÉTABLIES
Guillaume Marie	Lanterne,	rue des Tapissiers,	la boëte au sr Herpet, boulanger,	Fr. Duchatel
	id.	id.	» au sr Laurent Jerusé, sergier,	id.
	id.	id.	» au mur de l'hopital St Marcoul,	id.

Le second département des lanternes allumées par Guillaume Marie est de 35 lanternes.

Premier département des lanternes allumées par Raoul Langlois.

ALLUMEURS.	LANTERNES.	RUES.		CONNÉTABLIES
Raoul Langlois,	Lanterne,	rue des Capucins ,	la boëte au sieur Lié Lecomte, laboureur	Chalan.
	id.	id.	la corde aux fenestre de 4 pers alternativement,	
	id.	rue du bourg de Vesle,	la boëte au sr Jean Fr. Leger Fournier, marchand,	id.
	id.	id.	» au sr Droslin, bourelier,	id.
	id.	id.	» au sr Pinchart, tonnelier,	Trousset.
	id.	rue des Carmélites,	» à M. Bourin, conser au présid.,	Chalan.
	id.	rue du bourg de Vesle,	» au sr Boucher, mégissier,	Pecoul.
	id.	id.	» au sr Lelarge, teinturier,	Trousset.
	id.	id.	» au sr Barrois, savetier,	id.
	id.	id.	» au sr Secondé, boulanger,	Pecoul.
	id.	id.	» au bureau des traites foraines ,	Trousset.
	id.	id.	» à Bruxelles, charpentier,	id.
	id.	id., à la porte de Vesle,	» au mur de la porte de Vesle,	id.
	id.	rue de Tillois ,	» à Henry Savoye marechal ,	Pre Henry.

id.	id.	»	à Remy Herbillon, broutier,	Nas Leroy.
id.	rue du Tronché,	»	à la ve Lié Godinot, tonnelier,	id.
id.	rue du bourg de Vesle,	»	à M. Mopinot, éper aux 4 vents,	id.
id.	Cul de sac du Renard,	»	au presbytère de S. Jacques,	Leroy.
id.	rue de la Couture,	»	au sr Riché, tonnelier,	id.
id.	rue de la Vieille Couture,	»	au sr Nas Massart, cabaretier,	id.
id.	id.	»	au sr Lalondre, hoqueton,	id.
id.	id.	»	à Mlle Mobillon, couturière,	id.
id.	id.	»	au sr J Bte Coutier, épicier,	id.
id.	à la croizée de la rue de Gueux et de la Couture,			
id.	rue de la Couture,	»	au sr Caillecot, bonnetier,	Debar.
id.	id.	»	au sr Ponce Barbier, charptier,	Fresson.
id.	id., au coin de Chativesle,	»	à Nas Morel, masson,	id.
id.	id.	»	au sr Perceval, charpentier,	Plumet.
id.	au coin de la Couture et de la Large rue,	»	au sr Jaquetel, notaire,	id.
id.	Large rue,	»	au sr Houzeau, boulanger,	id.
		»	au sr Pierron, aubergiste à la nouvelle P.,	id.
id.	id.	»	à Mlles Debar, à la Tête noir,	id.
Raoul Langlois,	id.	»	au mur des cazernes,	id.
id.	au coin de la Large rue et la Couture,			
id.	rue de la Couture,	»	à François Lemoine, tonnelier,	Pre Henry.
		»	au sr Simon Valence, tonnelier,	id.

Le premier département des lanternes allumées par Raoul Langlois est de 34 lanternes.

Deuxième département des lanternes allumées par Raoul Langlois.

ALLUMEURS.	LANTERNES.	RUES.		CONNÉTABLES
Raoul Langlois,	Lanterne,	rue du bourg de Vesle,	la boëte à M. Adam Faciot, m^d de vin,	Lefrique.
	id.	id.	» à M. Andrieux, m^d de vin,	id.
	id.	id.	» à Made la ve Husson, fayancière	N^{as} Leroy.
	id.	sous la porte aux ferons,	» à Bouton, quincaillier,	Sta.
	id.	rue du Puit du Terra, vis à vis la Poissonnerie,	» au s^r Demain, épicier,	Hezet.
	id.	rue du Cloud dans fer,	» au s^r Lacroix, tailleur,	id.
	id.	id.	» à Mr Perrier, cap^{ne} de ville,	id.
	id.	id.	» à M^e la ve Benoist,	id.
	id.	id., près S. Pierre,	» à M. Lucas, épicier,	id.
	id.	rue des Chapelains S. P.,	» à M. de Blamont,	Gobert.
	id.	rue du Cadran S. Pierre,	» au s^r Nicolas Poitier, chaud^{er},	id.
	id.	au coin de la rue de la Grosse clef et de l'Arb.,	» à M. Prudhomme-Pinchart, m^d,	Demain.
	id.	rue de la Clef,	» au s^r Jigly, tailleur,	Gobert.
	id.	id.	» à Made de Vervins,	id.
	id.	rue du Maillet vert,	» au s^r Lagauche, cuisinier,	id.
	id.	id., vis à vis la rue de la Vignette,	» à M. de Juzancourt,	id.
	id.	dans la 1re rigolle de S. Pierre,	» à M. Favier, clerc de S. Pierre,	id.
	id.	dans la seconde rigolle de S. Pierre,	» à lad. v^e Gilbeau,	id.

id.	rue du K rouge,	»	à M. de Cambray Bonnetraine,	Dérodé.
id.	rue de la Vignette,	»	à M. Daubigny,	Demain.
id.	id.	»	à Me Bachelier Danogne,	id.
id.	rue de l'Arbalète,	»	à M. Perrier de Savigny,	id.
id.	id.	»	au sr Desprez, tonnelier,	id.
id.	id.	»	à M. Blé, épicier,	id.
id.	au coin de la rue des Elus à la boucherie,	»	au sr Dallemagne, épicier,	id.
id.	rue des Elus,	»	à M. Charles Tarte, md,	Gobert.
id.	id.	»	à M. Levesque, cer,	id.
id.	id.	»	à M. Cliquot Barbereux, capne de ville,	id.
id.	rue des Deux Anges,	»	au sr Durand Cartier,	Hezet.
id.	rue du Trésor à la rue des Tapissiers,	»	au mur de l'hôtel-Dieu,	Sta.
id.	rue du Puit du Terra,	»	au sr Hezet, connetable,	Hezet.

Le second département des lanternes allumées par Raoul Langlois est de 31 lanternes.

Département des lanternes allumées par Etienne Laferté.

Etienne Laferté,	Lanterne,	rue de la Vache,	la boëte au sr Collinet, tailleur,	Sutaine.
	id.	rue de Porte Ceres,	» à M. Sutaine, conseiller,	Jean Henry.
	id.	id.	» à M. Clicquot Delahaute, cller,	id.
	id.	id.	» à M. de la Motte Bourgongne, capne de ville,	id.
	id.	id.	» à M. Bourgongne La Caille, capne de ville,	id.

ALLUMEURS.	LANTERNES.	RUES.		CONNÉTABLIES
Etienne Laferté,	Lanterne.	rue de Porte Ceres,	la boëte au sr Forest, me des postes,	Jean Henry.
	id.	rue des Marmouzets,	» à M. Dorigny, conser et capne de ville,	id.
	id.	dans la petite ruelle de Porte Ceres,	» à M. Guillaume Tronsson, ancien conser,	id.
	id.	rue du Peigne d'Argent,	» au sr Antoine du Sautoy, serger	Bidault.
	id.	rue de la Chasse,	» à Jean François Laplume, sergier,	id.
	id.	rue de la Vinette,	» au mur des Cordeliers,	id.
	id.	vis à vis le rempart à porte Ceres,	» au sr Jean Henry, sergier,	id.
	id.	rue du Resiné,	» à M. Chappron, chanoine de S. Symphorien,	id.
	id.	rue de S. Symphorien,	» à l'Eglise de St Symphorien,	id.
	id.	au coin de rue S. Symphor. et ste Marguerite,	» au sr Gannelon, menuisier,	id.
	id.	rue ste Marguerite,	» au sr Feron, apresteur,	id.
	id.	rue de la Grue,	» à M. Ledoux, secrétaire du Roy	Jean Henry.
	id.	id.	» à M. Guillaume Tronsson, ancien conser,	id.
	id.	rue des Chaudronniers,	» au sr Labbé, vitrier,	Pargny.
	id.	id.	» au sr Perillon, menuisier,	Sutaine.
	id.	rue de la Fourberie,	» au sr Neveu, tailleur,	Pargny.
	id.	rue du Signe de la Croix,	» au sr Lutton, tonnelier,	id.
	id.	id.	» au sr Jeunehomme, masson,	id.

id.	rue Ste Margueritte ,	»	à M. Clicquot de Beine , md ,	id.
id.	rue de la Perrière ,	»	à Savary, cabaretier,	Bidault.
id.	id.	»	à M. Hostome, chanoine,	id.
id.	chapre de l'église de Reims	»	au mur du Palais ,	Pargny.
id.	id.	»	à M. Bergeat, chanoine ,	id.
id.	id.	»	à M. Chiavary, chanoine,	id.
id.	id.	»	à M. Fréron , chanoine ,	id.
id.	id.	»	à la fausse porte du Cloître,	id.
id.	à la porte du Cloître, rue de l'Epicerie ,	»	à la porte du Cloître,	id.
id.	rue de l'Epicerie ,	»	au sr Thibault,	id.
id.	au grand Credo,	»	à M. Lelarge, orphevre,	Sutaine.

■ Le département des lanternes allumées par Etienne Laferté est de 34 lanternes.

Département des lanternes allumées par Nieolas Hibert.

Nicolas Hibert,	Lanterne,	rue de Tambour ,	la boëte	à M. Sutaine, connétable,	Sutaine.
	id.	id.	»	au sr Florentain, libraire,	Demain.
	id.	id.	»	à M. Pierre Henault, md,	id.
	id.	au coin de la rue de Tambour,	»	à M. Louis Courdoux, md,	id.
	id.	Marché aux draps,	»	au sr Forzy, md,	Sutaine.
	id.	au coin de la r. de la Hure,	»	au sr Cheruy, perruquier,	id.
	id.	vis à vis la rue du Marc,	»	à M. Raussin, médecin ,	Drouet.
	id.	rue de la Buchette ,	»	à M. de Recicourt,	Degor.
	id.	id.	»	au sr Godart, chandelier,	id.

ALLUMEURS.	LANTERNES.	RUES.			CONNÉTABLES
Nicolas Hibert,	Lanterne,	rue Notre-Dame de Lepine	la boëte	à M. Deperlhes, conser de ville,	Drouet.
	id.	rue idem,	»	à M. Bidet Rogier,	id.
	id.	rue d'Oignon,	»	au sr Hubert Noel, md,	id.
	id.	id., vis à vis le Marché aux draps,	»	au sr Bonnette, chapelier,	Sutaine.
	id.	Marché au draps,	»	au sr Parent, chaudronnier,	Drouet.
	id.	id.	»	au sr Chapelet, pelletier,	id.
	id.	id.	»	au sr Culoteau, md,	Sutaine.
	id.	id.	»	au sr Gobreau, md,	id.
	id.	rue du Change,	»	à Made la ve Clicquot Cheon,	id.
	id.	rue du grand Crédo,	»	à Mad. la ve Galoteau, mde,	Sutaine.
	id.	rue de la Boucherie,	»	au sr Le Riche, cuisinier,	Pargny.
	id.	rue de l'Ecrevisse,	»	au sr Lelarge, orphevre,	id.
	id.	id.	»	à Ramois, cabaretier,	Gobert.
	id.	marché au bled,	»	au sr Lelarge, orphevre,	Pargny.
	id.	id.	»	au sr Oudin, orphevre,	id.
	id.	id.	»	au sr Dérodé, cordier,	id.
	id.	id., et cour de la rue du Change,	»	au sr Duchesne, md,	Sutaine.
	id.	id.	»	au sr Champagne, épicier,	Demain.
	id.	id.	»	au sr Jeruse Pierquin, md,	id.
	id.	id., et coin du Bras d'or,	»	au sr Oudin, épicier,	id.
	id.	ruelle du Bras d'or,	»	à M. Charles Tarte, md,	id.
	id.	dans l'haute ruelle,	»	au sr Leroux, cabaretier,	id.

Le département des lanternes allumées par Nicolas Hibert est de 32 lanternes

Département des lanternes allumées par Nicolas Olié.

Nicolás Olié,	Lanterne,	à la porte Bazée,	la boëte à la ve Briquet, quincaillière,	J -B. Duchatê[1]
	id.	rue des Murs,	» au mur de l'abbaye de S. Pierre,	id.
	id.	rue du Barbâtre,	» au sr Lagache, tailleur,	id.
	id.	id.	» à la ve Migeon, boulangère,	id.
	id.	id.	» au sr Gonnel, masson,	id.
	id.	id.	» au mur de l'hopital des Orphel.,	J.-B. Godinot.
	id.	id.	» au sr Gadois, épicier,	id.
	id.	id.	» à la Fontaine des Carmes,	id.
	id.	id.	» à la ve Rogier, serger,	id.
	id.	id.	» au sr Gruis, cardier,	Nas Guerin.
	id.	rue des Créneaux,	» à la ve Loison, sergier,	Jobart.
	id.	rue et halle de St Remy, près la fontaine,	» au second pillier de la halle,	id.
	id.	rue de Dieu lumière et halle S. Remy,	» au sr Timothée Canard, charcutier,	id.
	id.	rue de Dieu lumière,	» à la ve Bernard, charcutière,	id.
	id.	rue et porte de Dieu lum.,	» à la porte de Dieu lumière,	id.
	id.	place et halle de S. Remy,	» au sr Coutier, md,	Pillière.
	id.	rue de Lombardie près S. Julien,	» à Rose Patouillart, revendeuse	id.
	id.	place et halle de S. Remy,	» à la ve Barbreux, fileuse,	id.
	id.	rue du grand Cerf,	» à Etienne Malletcau, tailleur,	id.
	id.	rue Neuve,	» au sr Ponce Chevillier, potier de terre,	id.
	id.	id., vis à vis la place St Maurice,	» au sieur Lieu, sergier,	J.-B. Houzeau

ALLUMEURS.	LANTERNES.	RUES.		CONNÉTABLIES
Nicolas Olié,	Lanterne,	rue de St Maurice,	la boëte à l'église de Saint Maurice,	Nas Guerin.
	id.	rue Neuve,	» au sieur Nas Vincenoux, sergier,	Houzeau.
	id.	id.	» à M. l'abbé Sohier, chanoine,	Nas Gard.
	id.	id.	» à M. l'abbé Potelain,	id.
	id.	id.	» au sr François de Losse, sergier,	id.
	id.	loges Cocquault, vis à vis le Jard.	» au pilier de la Loge, vis à vis le Jard,	id.
	id.	rue du Jard,	» à la veuve Jacquart, mantière,	Legrand.
	id.	rue du bourg St Denis,	» à M. Clicquot de Montagneux,	id.
	id.	rue de Contray,	la corde aux fenestres de huit pers alternativement,	id.

Le département des lanternes allumées par Nicolas Olié est de 30 lanternes.

Département des lanternes allumées par Bourgongne.

ALLUMEURS.	LANTERNES.	RUES.		CONNÉTABLIES
Bourgongne,	id.	au coin de la rue des Grands Murs à la place St Remy,		
	id.	rue et porte Fléchambault,	la boëte au sr Raoul Veron, boulanger,	Pillière.
	id.	rue de Fléchambault,	» au bureau des aides,	Constant.
	id.	id.	» au sr Julien Canelle, laboureur,	id.
Par celui qui a la corde,	id.	rue du Jard, vis à vis Galand, boulanger;	٭ au sr Jean Darc, cabaretier,	id.
			la corde aux fenestres des 4 voisins alternativement.	id.

Le département des lanternes allumées par Bourgongne est de 5 lanternes y compris celle du Jard, allumée par celui qui a la corde à sa fenêtre.

Récapitulation par Compagnies & Connétables.

COMPAGNIES.	CONNÉTABLIES DE Mrs			COMPAGNIES.	CONNÉTABLIES DE Mrs		
1re Comp.	Antoine Plumet,	6	lanternes.		*Report.*	152	lanternes.
	Jacques Demain,	23	id.	5e Comp.	Nicolas Dérodé,	8	id.
	Jean-Baptiste Duchatel,	5	id.		Michel Lefrique,	3	id.
	Pierre Henry,	3	id.	6e Comp.	Nicolas Pecoul,	2	id.
2e Comp.	Philippe l'illière,	6	id.		Nicolas Leroy,	12	id.
	Jacques Bidault,	15	id.		Jean-Baptiste Hezet,	17	id.
	Noel Lefebvre,	16	id.		François Lajoie,	1	id.
	Julien Jobart,	5	id.	7e Comp.	Nicolas Guerin,	2	id.
3e Comp.	Nicolas Gard,	4	id.		Nicolas Cliquot,	17	id.
	Robert de Gor,	13	id.		Fr. du Chatel,	7	id.
	Claude de Bar,	6	id.		Eustache de Launois,	4	id.
	Jean-Baptiste Houzeau,	2	id.	8e Comp.	Pierre Sutaine,	19	id.
4e Comp.	Jean Henri,	19	id.		Jean-Baptiste Godinot,	4	id.
	Protais Trousset,	6	id.		Martin Constant,	3	id.
	Joseph Chalan,	5	id.		Nicolas Pargny,	21	id.
	Jean Legrand,	4	id.	9e Comp.	Jean Gobert,	15	id.
5e Comp.	Jean Fresson,	2	id.		Jean Herbé,	1	id.
	Pierre Drouet,	12	id.		Nicolas Sta,	18	id.
	À reporter	152	id.		Total.	306	lanternes.

Récapitulation par Département des Allumeurs.

Le départ.t de Nicolas Verte est de 37 lanternes.			Report.		205 lanternes.		
id.	Jean Verte	37	id.				
Le 1er dépnt de Ge Marie	31	id.	Le départnt d'Etienne Laferté	34	id.		
Le 2e id. de Ge Marie	35	id.	id. de Nicolas Hibert	32	id.		
Le 1er id. de Raoul Langlois	34	id.	id. de Nicolas Olié	30	id.		
Le 2e id. de Raoul Langlois	31	id.	id. de Bourgogne	5	id.		
A reporter.		205	id.	Total.	306	id.	

Augmentée de celle à la paroisse de la Madelaine, connétablie de Raoul, département
de Raoul Langlois, une , cy   I

Augmentée de celle dans le cul-de-sac de M. Forzy, proche St-Pierre,   I

Augmentée de celle à la ville de Rethel, chez M. Henry,   I

Augmentée d'une autre proche le petit St-Hilaire,   I

Augmentée à la 6me compagnie de Ns Pécoul, par conclusion du 7 Septembre 1761,   I